谁说菜鸟不会数据分析

（入门篇）

张文霖 刘夏璐 狄松 著

电子工业出版社
Publishing House of Electronics Industry
北京·BEIJING

内容简介

这是一本有趣的数据分析书！

本书基于通用的Excel工具，加上必知必会的数据分析概念，以小说般通俗易懂的方式讲解。

本书基于职场三人行来构建内容，完全按照数据分析工作的完整流程来讲解。全书共8章，依次讲解数据分析必知必会知识、数据分析的结构化思维、数据处理技巧、数据展现的技术、提升图表之美的专业化视角，以及专业分析报告的撰写方法等内容。

本书有足够的魅力让你一口气读下去，在无形之中掌握数据分析的技能，提升职场竞争能力。

本书能有效帮助职场新人提升职场竞争力，也能帮助市场营销、金融、财务、人力资源管理人员及产品经理解决实际问题，还能帮助从事咨询、研究、分析行业的人士及各级管理人士提高专业水平。

图书在版编目（CIP）数据

谁说菜鸟不会数据分析.入门篇/张文霖等著. —4版. —北京：电子工业出版社，2019.6
ISBN 978-7-121-36445-7

Ⅰ．①谁… Ⅱ．①张… Ⅲ．①表处理软件 Ⅳ．①TP391.13

中国版本图书馆CIP数据核字（2019）第083128号

策划编辑：张月萍
责任编辑：刘 舫
印　　刷：中国电影出版社印刷厂
装　　订：三河市良远印务有限公司
出版发行：电子工业出版社
　　　　　北京市海淀区万寿路173信箱　　邮编：100036
开　　本：720×1000　　1/16　　印张：15.75　　字数：328千字
版　　次：2013年1月第1版
　　　　　2019年6月第4版
印　　次：2019年8月第2次印刷
印　　数：10001~13000册　　定价：69.00元

凡所购买电子工业出版社图书有缺损问题，请向购买书店调换。若书店售缺，请与本社发行部联系，联系及邮购电话：（010）88254888，88258888。

质量投诉请发邮件至zlts@phei.com.cn，盗版侵权举报请发邮件至dbqq@phei.com.cn。

本书咨询联系方式：010-51260888-819，faq@phei.com.cn。

第4版自序

　　"谁说菜鸟不会数据分析"系列自2011年7月首次出版已经走过了8个年头。给亲爱的读者汇报一下这8年间的小成绩：获得过出版全行业畅销品称号，在中国台湾地区出版了繁体版，获得了几十万读者的认可。读者的认可比什么都重要，为了让这本书更加完美，我们与时俱进地开展了结构的优化，新增了多个实用的数据分析方法。

　　"拍脑袋决策，拍胸脯保证，拍屁股走人"的时代已经与我们渐行渐远。不管是在传统企业还是在互联网企业，现在的决策都越来越依赖于数据，用数据说话。"谁说菜鸟不会数据分析"系列就是帮助广大读者提升自我，帮助我们更好地理解数据，用活数据，真正给企业带来价值。在这个数据驱动运营的时代，不管大数据、小数据，我们掌握一些数据处理技能，必定能增加我们在职场上的势能。

　　这次出版的第4版，我们特地做了非常细致的勘误，吸收了众多读者反馈的意见和建议，只为给读者呈现最有品质的阅读效果。

　　本次改版主要变动如下：

1.　对各种数据处理方法进行重新梳理，使数据处理方法更加结构化、体系化。
2.　新增了RFM分析法、结构分解法、因素分解法、趋势分析法等常用数据分析方法，使数据分析方法更加完善、实用。
3.　新增树状图、旭日图、帕累托图、漏斗图等Excel 2016版图表绘制技巧。

从心出发，未来已来，期待在成长的道路上再相逢。

前　言

经常有朋友询问：数据分析该怎么做？有什么分析技巧？这些数据怎么处理分析？

因为大量问题具有通用性，而且"懒"得挨个答复类似的问题，于是就结合大家关心的问题，编写了这本通俗易懂的数据分析书。市面上的数据分析图书大部分还停留在大雅的范畴，要么就是高深的统计学理论，要么就是专业的统计分析软件，给人感觉门槛非常高。而且，所讲解的案例大部分来自科研一线，让人看了摸不着北。这无形之中在学习者与数据分析之间建起了鸿沟。

其实，通过多年的数据分析实践来看，数据分析还是一件很有乐趣的事情。我们需要做的是：基于通用的工具Excel，加上必知必会的数据分析概念，采用通俗易懂的方式去讲解。这样数据分析就不那么晦涩了，而且故事化的情境设计，让我们有一口气读下去的勇气，天堑也变通途了。

虽然积累了多年的数据分析实战经验，但是要上升到一本书还是花费了近1年的时间。她的第1章、第8章由狄松完成，第2章、第5章、第6章由张文霖完成，第3章、第4章、第7章刘夏璐完成。这个创作过程是艰辛的，但也是很有成就感的。我们努力讲好数据分析的故事，同时把这个故事尽量展现得美丽动人。请允许我们以"她"来称呼这本与众不同的数据分析书籍，很多人翻开这本书的时候，可能会有大量疑惑，但，请耐着性子慢慢读下去，你将会有莫大的收获。

如果你觉得她看起来很轻松，千万别误以为她是一本小说，她其实是一本讲述数据分析的书籍

她抛开复杂的数学或者统计学原理，只和你讲必知必会的要点，关注解决实际问题；

她不去探究专业的学术问题，只和你耐心地分享职场中的实战案例；

她不板起脸和你讲大道理，只和你娓娓道来切身的趣味故事；

她天生丽质，图表漂亮绝伦；

她多姿多彩，还有卡通漫画风。

可能你会觉得她肤浅……

但是，当你揭开她华丽的外衣时，你会惊艳；

也会被她通俗而不庸俗，美丽而又深刻的本质所吸引。

把她珍藏起来吧，因为：

她会循循善诱地把你领进数据分析的大门；

她会让你的简历更加具有吸引力；

她会让老板对你刮目相看；

她值得在你的书架上长期逗留，会让你的书架也增加色彩。

她讲述了职场三人行的故事，她的故事还会让你偷着笑

牛董，关键词：私企董事、要求严格、为人苛刻。

小白，关键词：应届毕业生、刚入职场的伪"白骨精（白领+骨干+精英）"、牛董助手、单身女白领、爱臆想。

Mr.林，关键词：小白的同事、数据分析达人、成熟男士、乐于助人、做事严谨。

哪些人会对她的故事有阅读兴趣呢

★　需要提升自身竞争力的职场新人。

★　在市场营销、金融、财务、人力资源、产品设计等工作中需要做数据分析的人士。

★　经常阅读经营分析、市场研究报告的各级管理人员。

★　从事咨询、研究、分析等工作的专业人士。

致谢

感谢作者的好朋友李治的鼓励和支持，让笔者下定决心写这本书。在此要衷心感谢成都然自然科技有限责任公司的姚新军先生，感谢他的提议和在写作过程中给予的支持。感谢参与本书优化的朋友：王斌、李伟、张强林、万雷、李平、王晓、景小燕、余松。非常感谢本书的插画师王馨的辛苦劳动，您的作品让本书增色不少。

感谢邓凯、黄成明、李双、刘晓霞、刘云锋、欧维平、石军、沈浩、张立良、张文彤、张志成、郑来轶、祝迎春、王雍、伍昊等书评作者，感谢他们在百忙之中抽空阅读书稿，撰写书评，并提出宝贵意见。

最后，要感谢三位作者的家人，感谢他们默默的付出，没有他们的理解与支持，同样也不会有本书。

尽管我们对书稿进行了多次修改，仍然不可避免地会有疏漏和不足之处，敬请广大读者批评指正，我们会在适当的时间进行修订，以满足更多人的需要。

第4版说明

"谁说菜鸟不会数据分析"系列自2011年7月出版以来得到广大读者朋友的大力支持，而且很荣幸获得中国书刊发行业协会颁发的"2011年度全行业优秀畅销书品种"称号。这个荣誉的取得与广大读者的大力支持是分不开的。为了让这本书精益求精，在征集了大量的读者反馈意见后，我们进行了本次升级。

本书配套案例数据下载方式：

（1）http://blog.sina.com.cn/xiaowenzi22

（2）关注微信订阅号：小蚊子数据分析，回复"1"或"入门篇"获取下载链接

（3）http://read.zhiliaobang.com/pages/article/44

业内人士的推荐（排名不分先后，以姓氏拼音排序）

本书将看似"浮云"的数据分析知识，蕴于商业化的场景之中，生动形象地让读者了解到给力的数据分析师是如何炼成的！本书引导非专业人士从数据的角度，认识、剖析、解决商业问题；对专业人士而言，亦能提供一次梳理知识和提高技能的机会。

邓凯
数据挖掘与数据分析博主，资深数据分析师

这是一本适合普通大众的"专业"数据分析图书，由浅入深，富有体系。让人有一口气读完的冲动，想马上找一台电脑试一试这些"新奇"的分析方法，更想拿一些数据来分析其中的规律。

读完本书，你会发现数据分析的乐趣，它并不是那么枯燥，数据背后的故事简直太有意思了。从此你将发现：无论新闻媒体，还是企业报表中的数字都有生命，因为它们在那里用自己的语言和你交流！

祝愿大家早日练就一颗数据分析的"心"！

黄成明
《数据化管理》作者，数据化管理顾问及培训师

本书内容实用，语言简洁生动，通俗易懂。通过富有逻辑的路径式图示引导，对复杂步骤的图文分解，让读者快速掌握用Excel进行数据分析的各项实用技巧，令人耳目一新。不仅便于学习，也便于上机操作。

李双
数据分析与挖掘交流站，站长

数据分析的门槛有多高？可以很高，也可以不高。小蚊子的这本书可以给初学者一些实战性的指引。书中介绍的多个常用数据分析方法，对于初学者甚至是具有一定经验的数据分析师都有很好的启发。

刘晓霞
资深市场调研分析师

本书是市面上少见的一本系统讲解数据分析的书籍。它没有针对高级分析方法和统计函数的介绍，而是针对职场人士日常工作中遇到的问题提出解决方案。书中通过小白跟师父学艺的整个过程，生动形象地描述和解释了什么是数据分析以及如何有效地进行数据分析，通俗易懂，趣味性非常强，是一本非常适合初学者的书籍。

刘云锋
北京简博市场咨询有限公司，高级经理

本书有四大亮点。其一，抛开了烦琐的统计公式与数理推论，完全以实践应用为导向，十分适合没有统计背景的普通白领；其二，本书基本是小蚊子实际工作经验的总结，他在著作中对自己掌握的知识倾囊相授，这也是他一贯的品性；其三，作品除了教会读者使用Excel简单处理日常工作涉及的数据分析，还在统计分析图表的展示方面为读者提供了重要的指导；其四，本书写作方式很有新意，如小说般写作，使枯燥的数据分析过程让人顿感愉悦。

如果你正在为复杂的统计公式而头痛，如果你正在为学习统计软件而烦恼，如果你正在为如何将数据分析的结果进行专业的呈现而伤神，那么，选择这本书，也许你就找到了终南捷径。

欧维平
TNS，研究总监

数据分析理论、公式和方法对部分初学者来说是枯燥、乏味的，或如坠入云山雾海中不得其道。本书最大的特点是使用幽默风趣的语言，结合工作中典型案例加以分析、解读，是一本值得数据分析工作者一读的好书。

石军
安徽同徽信息技术有限公司，总经理

当谈到用数据解决问题时，我经常用这样的语言去诠释："如果你不能量化它，你就不能理解它，如果不理解就不能控制它，不能控制也就不能改变它。"数据无处不在，信息时代的主要特征就是"数据处理"，数据分析正以我们从未想象过的方式影响着我们的日常生活。

在知识经济与信息技术时代，每个人都面临着如何有效地吸收、理解和利用信息的挑战。那些能够有效利用工具从数据中提炼信息、发现知识的人，最终往往成为各行各业的强者！

这本书向我们清晰又友好地介绍了数据分析方法、技巧与工具，强烈建议大家读一读这本书，它或许会给你带来意想不到的收获！

沈浩
中国传媒大学新闻学院，教授，博士生导师
中国传媒大学调查统计研究所所长
大数据挖掘与社会计算实验室主任
中国市场研究协会会长

对我们财务人员来说，每个月都要写经济活动分析，但总是列出一堆干巴巴的数字，领导不爱看，自己也脸上无光，而这本书却能改变这一切。不懂数据库？不会Excel？不知如何做图表？没关系，这本书充分考虑了初学者的知识背景，让你从入门到精通。更难能可贵的是，本书设计的场景风趣幽默，让人仿佛是在看小说，把枯燥无味的学习变得生动有趣。

张立良
Excel必备工具箱，开发者

统计学属于一门很难，但是很有趣，更是很有用的工具学科。懂得如何使用它的人总是乐在其中，而尚未入门的人则畏之如虎。国内讲述统计学理论，以及讲述统计软件操作的书籍可谓汗牛充栋，但是多数流于理论，疏于应用和实践指导。很大一部分读者需求未被满足。

近年来随着信息技术的普及，各行各业的业务数据自动化趋势愈来愈明显，使得数据分析的需求开始从统计专业人士向各行业人员全面扩展。在此背景之下，出版一本能够深入浅出，从实际应用的角度介绍统计分析基础知识的书就变得很有必要。

本书在理论和实践的平衡方面做了很有价值的尝试，基于最为普及的Excel、5W2H、PEST等数据分析方法论，深入浅出地介绍了如何满足具体工作中的常见统计分析需求，对于需要应用统计分析，但是又未接受过这方面系统培训的读者来说，本书应当是一本非常合适的数据分析入门教材。

张文彤博士
上海昊鲲企业管理咨询有限公司合伙人

这是一本真正介绍数据分析而不是介绍数据分析工具的书，全书内容就是按照数据分析流程而组织的，每一章节均通过案例来讲解，语言生动有趣。更加可贵的是，案例的"剧情"大多都是作者多年来在现实中遇到的，因此实用性较高！在宏观结构上采用的经典结构能够带领读者按照正确的顺序稳步前进，在微观上采用的叙述方式极大增强了"渴"读性，使得应用技术更加直观。本书还是一本经典案例大全，内容涵盖人力资源等各方面的应用。因此，本书适合所有工作中需要做数据分析的朋友阅读！

张志成
http://blog.soufun.com/site，选址分析师

数据分析是一种能力，更是一种思想。本书结构层次清晰、内容全面、通俗易懂，一步步带你走进数据分析的世界，让数据分析变得既简单又有趣。

郑来轶
数据分析网创始人，JollyChic数据分析总监

这是一本简单易懂，但又不缺乏深度的数据分析图书。该书作者常年从事数据分析工作，熟悉日常数据分析工作中常见的问题和解决方案，所以该书积累了大量数据分析的实用性方法与技巧，需要细致的、深入其境的学习，最好直接跟着书中内容实际操作，边做边学边领悟，这样可以达到事半功倍的效果。数据分析需要不断在工作中实践，这是一本入门性的书籍，最终还是需要读者靠自己的意志力克服畏难情绪去学习。付出才会有收获，学习任何东西都是如此。

祝迎春
高等学校教材《SPSS统计分析高级教程》的合作者

数据分析圈的朋友应该都知道小蚊子或小蚊子乐园这个博客，本书是小蚊子同学多年数据分析工作的积累总结，是一本简单实用的书，是数据分析技巧与工作实例充分结合的一本书。全书通过幽默的对话勾勒出数据分析的全景，彻底打破了以往数据分析相关专业书籍单一枯燥的局面。

王雍
数据元素博主，资深数据分析师

你们想想，带着这本书出了城，吃着火锅还唱着歌，突然就学会数据分析了……

伍昊
五号咨询，Excel首席培训师

目　录

第 1 章

数据分析那些事儿

初学者

牛董，关键词： 私企董事、要求严格、为人苛刻。

小白，关键词： 应届毕业生、刚入职场的伪"白骨精（白领+骨干+精英）"、牛董助手、单身女白领、爱臆想。

Mr.林，**关键词：** 小白的同事、数据分析达人、成熟男士、乐于助人、做事严谨。

小白过五关斩六将，通过严格的面试，最终从众多优秀毕业生中脱颖而出，成为公司的一员。在报到的第一天，公司HR向小白介绍了她的职位——公司牛董的助理，负责文秘工作，可能需要做一些数据分析之类的活儿。小白一听到数据分析这个词，顿时感觉头皮发麻。此时，她的脑子里幻想出一些穿白大褂的科研人员在实验室的计算机前不断忙碌的场景。虽然在上大学时也使用过Excel，但是如果要做数据分析工作，她还真有些不知如何下手。无数个问号涌到她的脑海中：数据分析到底要做什么呢？我要怎么做数据分析？老板想要看什么样的结果呢？……唉，只好边走边干了。

HR看出小白的心事，说道：关于数据分析你不用太担心，如果遇到难题，你可以请教我们公司的Mr.林，他在这方面可是专家！

小白一听有救星，立马兴奋起来，好像抓到救命稻草一样，想赶紧找到这位大师级人物，然后一股脑儿把疑问全倒出来。

HR：小白，你跟我来吧，我给你引荐下Mr.林。

小白： 好的。

说着小白跟HR来到了Mr.林的办公桌旁，HR说道： Mr.林，这是我们公司新来的同事小白，现担任牛董的助理，其中部分工作涉及数据分析，到时候有问题还要麻烦您多多指点。

小白紧跟着说道： Mr.林，您好，请多多指教。

Mr.林：别客气，有问题直接来找我就可以了。

小白趁机说道： 我现在就有问题，您现在是否有时间帮我解答一下？数据分析是干什么的，具体要怎么做？

Mr.林听完笑了起来：你还真是不客气呀。好吧，你刚进公司，我就先给你做一个简单的培训，带你入个门吧，以后的修行可就靠你自己努力了。

小白用力点着头……

1.1　数据分析是"神马"

Mr.林接着说道：我们可以使用2W1H模型学习数据分析，也就是What——数据分析是什么，Why——数据分析有什么用，How——数据分析如何做。小白，既然要学习数据分析，借用现在网络流行语，你能说说数据分析是"神马"吗？

小白：呵呵，数据分析肯定不是"浮云"。从字面上理解，数据分析就是对数据进行分析。Mr.林，我只能理解到这一层面，专业的解释就需要您来指教了。

1.1.1　何谓数据分析

Mr.林：数据分析的目的是把隐藏在一大批看似杂乱无章的数据背后的信息集中和提炼出来，总结出所研究对象的内在规律。数据也称观测值，是通过实验、测量、观察、调查等方式获取的结果，常常以数量的形式展现出来。

在实际工作中，数据分析能够帮助管理者进行判断和决策，以便制定适当策略与采取相应行动。例如，企业的高层希望通过市场分析和研究，把握产品的市场发展动向，从而制订合理的产品研发和销售计划，这就必须依赖数据分析才能完成。

数据分析可以分为广义的数据分析和狭义的数据分析（见图1-1），广义的数据分析包括狭义的数据分析和数据挖掘，我们常说的数据分析通常指的是狭义的数据分析。

图1-1　数据分析分类

◉ 数据分析（狭义）

（1）定义：数据分析是指根据分析目的，用适当的分析方法及工具，对数据进行处理与分析，提取有价值的信息，形成有效结论的过程。

（2）作用：主要有三大作用——现状分析、原因分析、预测分析，这里的预测分析主要是指数值预测分析。进行数据分析首先目的要明确，再做假设，然后通过分析数据来验证假设是否正确，从而得到相应的结论。

（3）方法：主要采用对比分析、分组分析、结构分析、分布分析、交叉分析、矩阵分析、回归分析等常用的分析方法。

（4）结果：数据分析一般都是得到一个指标统计量结果，如总和、平均值、计数等，这些指标数据都需要与业务结合进行解读，才能发挥出数据的价值与作用。

◉ 数据挖掘

（1）定义：数据挖掘是指从大量的数据中，通过统计学、机器学习、数据可视化等方法，挖掘出未知但有价值的信息和知识的过程（参见图1-2）。

图1-2　数据挖掘相关方法

（2）作用：数据挖掘主要侧重解决四类问题——分类、聚类、关联和预测，数据挖掘的重点在于寻找未知的模式与规律。例如，我们常说的数据挖掘案例，啤酒与尿布、安全套与巧克力等，这就是事先未知的但又可能是非常有价值的信息。

（3）方法：主要采用决策树、神经网络、关联规则、聚类分析、时间序列分析等统计学、机器学习等高级分析方法进行挖掘。

（4）结果：输出模型或规则，同时计算出模型得分或标签。模型得分如流失概率值、综合得分、相似度、预测值等，标签如流失与非流失、高中低价值用户、信用优良中差等。

综合起来，数据分析（狭义）与数据挖掘的本质是一样的，都是从数据中发现关于业务的知识（有价值的信息），从而帮助业务运营、改进产品以及帮助企业做更好的决策，它们之间的区别如图1-3所示。

项目	数据分析	数据挖掘
定义	指根据分析目的，用适当的分析方法及工具，对数据进行处理与分析，提取有价值的信息，形成有效结论的过程	从大量的数据中，通过统计学、机器学习、数据可视化等方法，挖掘出未知且有价值的信息和知识的过程
作用	现状分析、原因分析、预测分析	解决四类问题：分类、聚类、关联、预测
方法	对比分析、分组分析、结构分析、分布分析、交叉分析、矩阵分析、回归分析等	决策树、神经网络、关联规则、聚类分析、时间序列分析等
结果	指标统计量结果，如总和、平均值等	输出模型或规则

图1-3　数据分析与数据挖掘

数据分析（狭义）与数据挖掘构成广义的数据分析。我们常说的以及后续要学的数据分析均指狭义的数据分析。

1.1.2　数据分析的作用

Mr.林：小白，了解了数据分析是"神马"后，那么你能想到数据分析在对企业日常经营状况的分析工作中具体有哪些作用，体现在哪几个方面吗？

小白：Mr.林，您刚才说过，数据分析就是把隐藏在一大批看似杂乱无章的数据背后的信息集中和提炼出来，总结出所研究对象的内在规律，帮助管理者进行有效的判断和决策。我觉得它就好比是从矿山中挖掘出金子。

Mr.林：没错，但刚才说的是数据分析的最终目的，要达到这些目的，我们在日常工作中该做些什么呢？比如日常通报、专题分析等，这些都是数据分析具体工作的体现。而什么时候做通报，什么时候该开展专题分析，则需要我们根据实际情况做出选择。很多人经常做这些工作，但不知为何而做，只是为了做而做，没有想清楚做的目的，所以常常不得要领被数据所淹没。只有当你对数据分析的目的及工作有足够清晰的认识时，开展数据分析时才会如鱼得水，游刃有余。

数据分析在企业的日常经营分析中主要有三大作用，如图1-4所示。

图1-4　数据分析的三大作用

◉ 现状分析

简单来说就是告诉你过去发生了什么。具体体现在：

第一，告诉你企业现阶段的整体运营情况，通过各个经营指标的完成情况来衡量企业的运营状态，以说明企业整体运营是好还是坏，好的程度如何，坏又坏到什么程度。

第二，告诉你企业各项业务的构成，让你了解企业各项业务的发展及变动情况，对企业运营状况有更深入的了解。

现状分析一般通过日常通报来完成，如日报、周报、月报等形式。

◉ 原因分析

简单来说就是告诉你某一现状为什么发生。

经过第一阶段的现状分析，对企业的运营情况有了基本了解，但不知道运营情况

17

具体好在哪里，差在哪里，是什么原因引起的。这时就需要开展原因分析，以进一步确定业务变动的具体原因。

例如2019年2月运营收入环比下降5%，是什么原因导致的呢？是各项业务收入都出现下降，还是个别业务收入下降引起的？是各个地区业务收入都出现下降，还是个别地区业务收入下降引起的？这就需要我们开展原因分析，进一步确定收入下降的具体原因，以便对运营策略做出调整与优化。

原因分析一般通过专题分析来完成，根据企业运营情况选择针对某一现状进行原因分析。

◉ 预测分析

简单来说就是告诉你将来会发生什么。

在了解企业运营现状后，有时还需要对企业未来发展趋势做出预测，为制定企业运营目标及策略提供有效的参考与决策依据，以保证企业的可持续健康发展。

预测分析一般通过专题分析来完成，通常在制订企业季度、年度等计划时进行，其开展的频率没有现状分析及原因分析高。

只有清晰、系统地正确认识数据分析，了解数据分析能为我们带来什么价值，我们才能更好地利用数据分析这个工具，为运营工作提供重要支撑，发挥数据分析的最大价值。

Mr.林：小白，现在对数据分析有了进一步认识了吧？什么时候开展什么样的数据分析，需要根据你的需求及目的来确定。

小白：是的，Mr.林，那么请问数据分析具体如何开展呢？有哪些准备工作要做呢？

1.2　数据分析的流程

Mr.林：小白，你的问题问得好，现在我们就来看看如何开展数据分析工作。

数据分析流程主要包括6个既相对独立又互有联系的阶段。它们是：明确分析目的和思路、数据收集、数据处理、数据分析、数据展现、报告撰写等6步（参见图1-5）。

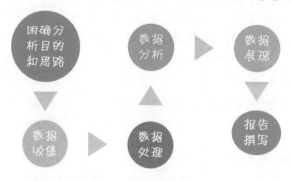

图1-5　数据分析的流程

1.2.1　明确分析目的和思路

◎ 明确分析目的

Mr.林：做任何事都要有目的，数据分析也不例外。小白，我们先来看看菜鸟与数据分析师之间的差别。刚好我这里有一张菜鸟与数据分析师想法的对比图（见图1-6）。你可以对比一下，看看自己在哪些方面的想法属于菜鸟级别，在哪些方面的想法已经达到了数据分析师的水平。从他们思考问题的方式，你就能发现为什么一个是菜鸟，而另外一个是数据分析师了。

小白：好的，我来看一看菜鸟与数据分析师各是什么样的。

菜鸟与数据分析师的区别

🐥 菜鸟会想	👤 分析师会想
这张曲线图真好看，怎么做的？	数据变化背后的真相是什么？
这些数据可以做什么样的分析？	从哪些角度分析数据才系统？
高级的分析方法在这里能用吗？	用什么分析方法最有效？
要做多少张图表？	图表是否表达出有效的观点？
除了为数据添加文字说明还需说什么？	数据分析的目的达到了吗？
数据分析报告要写多少页？	数据分析报告有说服力吗？
……	……

图1-6　菜鸟与数据分析师的区别

Mr.林：小白，从菜鸟与数据分析师想法的对比图中，你发现菜鸟与数据分析师的区别了吗？

小白：我发现，菜鸟很迷茫，目的不明确，而且一味追求高级的分析方法。而数据分析师的目的就很明确，一切都是以解决问题为中心。

Mr.林：说得好！其实他们最主要的区别就在于目的是否明确，如果目的明确，所有问题就迎刃而解了。例如，数据分析师是不会考虑"需要多少张图表"这样的问题的，而是思考这张图表是否有效表达了观点？如果没有，需要怎样调整？如果目的不明确，菜鸟自然会在用什么样的分析方法、做多少张图表、需要多少文字说明、报告要写多少页等这些问题上纠结。

小白：我明白了，我不要做菜鸟，我要朝着数据分析师的方向努力。

Mr.林：菜鸟与数据分析师的区别就在于，菜鸟做分析时目的不明确，从而导致分析过程非常盲目。所以在开展数据分析之前，要想想，为什么要开展数据分析？通过这次数据分析我要解决什么问题？只有明确数据分析的目的，数据分析才不会偏离方向，否则得出的数据分析结果不仅没有指导意义，甚至可能将决策者引入歧途，后果严重。

◎ 确定分析思路

Mr.林：当明确分析目的后，我们就要梳理分析思路，并搭建分析框架，把分析目的分解成若干个不同的分析要点，即如何具体开展数据分析，需要从哪几个角度进行分析，采用哪些分析指标。

只有明确了分析目的，分析框架才能跟着确定下来，最后还要确保分析框架的体系化，使分析结果具有说服力。

小白：Mr.林，前面说的角度与指标我都理解，但分析框架体系化应该如何理解呢？

Mr.林：体系化也就是逻辑化，简单来说就是先分析什么，后分析什么，使得各个分析点之间具有逻辑联系。这也是很多人常常感到困惑的问题，比如经常不知从哪方面入手，分析的内容和指标常常被质疑是否合理、完整，而自己也说不出个所以然来，所以体系化就是为了让你的分析框架具有说服力。

小白：如何使分析框架体系化呢？

Mr.林：问得好！根据我的经验，就是以营销、管理等理论为指导，结合实际业务情况，搭建分析框架，这样才能确保数据分析维度的完整性，分析结果的有效性及正确性。

营销方面的理论模型有4P、用户使用行为、STP理论、SWOT等，而管理方面的理论模型有PEST、5W2H、时间管理、生命周期、逻辑树、金字塔、SMART原则等。这些都是经典的营销、管理方面的理论，需要在工作中不断实践，你才能体会其强大的作用。例如进行互联网行业分析以PEST分析理论为指导，搭建互联网行业PEST分析框架，故而使数据分析变得有血有肉有脉络，真正做到理论指导实践，如图1-7所示。

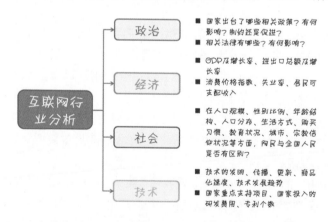

图1-7 互联网行业PEST分析框架

明确数据分析目的以及确定分析思路，是确保数据分析过程有效进行的先决条件，它可以为数据的收集、处理及分析等提供清晰的指引方向。

1.2.2 数据收集

Mr.林：数据收集也称为数据准备，它是按照确定的数据分析框架，收集相关数据的过程，它为数据分析提供了素材和依据。这里所说的数据包括第一手数据与第二手数据，第一手数据主要指可直接获取的数据，第二手数据主要指经过加工整理后得到的数据。一般数据来源主要有以下几种方式，如图1-8所示。

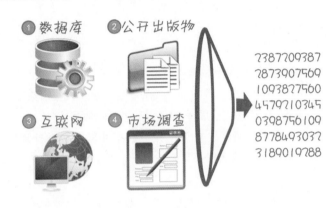

图1-8 数据的来源

◉ 数据库

每个公司都有自己的业务数据库，存放从公司成立以来产生的相关业务数据。这个业务数据库就是一个庞大的数据资源，需要有效地利用起来。

◉ 公开出版物

可以用于收集数据的公开出版物包括《中国统计年鉴》《中国社会统计年鉴》《中国人口统计年鉴》《世界经济年鉴》《世界发展报告》等统计年鉴或报告。

◉ 互联网

随着互联网的发展，网络上发布的数据越来越多，利用搜索引擎即可帮助我们快速找到所需的数据。在国家及地方统计局网站、行业组织网站、政府机构网站、传播媒体网站、大型综合门户网站上也可能有我们需要的数据。

另外，还可以通过网络爬虫技术对网络数据进行抓取。例如，电商网站的商品名称、商品ID、价格、商品型号、用户评论、商品图片、介绍视频等都可以通过网络爬虫技术进行批量抓取，从而进一步分析网民的行为。

◉ 市场调查

进行数据分析时，需要了解用户的想法与需求，但是通过以上三种方式获得此类数据会比较困难，因此可以尝试使用市场调查的方法收集用户的想法和需求数据。市场调查就是指运用科学的方法，有目的、系统地收集、记录、整理有关市场营销的信息和资料，分析市场情况，了解市场现状及其发展趋势，为市场预测和营销决策提供客观、正确的数据资料。

市场调查可以弥补其他数据收集方式的不足，但进行市场调查所需的费用较高，而且会存在一定的误差，建议企业做参考或辅助决策之用。

1.2.3　数据处理

Mr.林：数据处理是指对收集到的数据进行加工整理，得到适合数据分析的样式，它是数据分析前必不可少的阶段。数据处理的基本目的是从大量、杂乱无章、难以理解的数据中，抽取并推导出对解决问题有价值、有意义的数据。

数据处理主要包括数据清洗、数据合并、数据抽取、数据计算、数据转换等（参见图1-9）。一般拿到手的数据都需要进行一定的处理才能用于后续的数据分析工作。

图1-9　数据处理

小白：数据处理是数据分析的前提，这样对有效数据的分析才是有意义的！

1.2.4　数据分析

Mr.林：数据分析是指用适当的分析方法及工具，对收集来的数据进行分析，提取有价值的信息，形成有效结论的过程。

在确定数据分析思路的阶段，数据分析师应当为需要分析的内容确定适合的数据分析方法，等到真正进入数据分析阶段时，就能够驾驭数据，从容地进行分析和研究。

由于数据分析大多是通过计算机软件来完成的，这就要求数据分析师不仅要掌握对比分析、分组分析、结构分析、分布分析、交叉分析、矩阵分析、回归分析等常用分析方法，还要熟悉常用数据分析工具的操作，如Excel、SPSS、R、Python等。

1.2.5　数据展现

小白：您刚才讲通过分析，隐藏在数据内部的关系和规律就会逐渐显现出来，那么通过什么方式展现出这些关系和规律,才能让人一目了然呢?

Mr.林:不错,孺子可教也!这就是我接下来要说的数据展现了。众所周知,每个人看待事物都有自己的方式,所以数据分析师在展现结果的时候一定要保证与绝大部分人的理解是一致的。

一般情况下,数据是通过表格和图形的方式来呈现的,我们常说用图表说话就是这个意思,也称为数据展现、数据可视化。常用的数据图表包括饼图、柱形图、条形图、折线图、散点图、雷达图等,当然可以对这些图表进行进一步整理和加工,使之变为我们所需要的图形,如金字塔图、矩阵图、漏斗图、帕累托图等。

在大多数情况下,人们更愿意接受图形这种数据展现方式,因为它能更加有效、直观地传递出分析师所要表达的观点。记住,在一般情况下,能用图说明问题的就不用表格,能用表格说明问题的就不用文字。

小白:原来图表的运用还这么有讲究呀,我一定好好学习如何用图表说话!

1.2.6　报告撰写

Mr.林:数据分析报告其实是对整个数据分析过程的一个总结与呈现。通过报告,把数据分析的起因、过程、结果及建议完整地呈现出来,供决策者参考。所以,数据分析报告通过对数据进行全方位的科学分析来评估企业运营质量,为决策者提供科学、严谨的决策依据,可降低企业运营风险,提高企业核心竞争力,如图1-10所示。

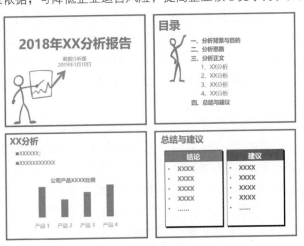

图1-10　数据分析报告示例

◉ 分析框架结构化

一份优质的分析报告,首先需要有一个好的分析框架,并且图文并茂,层次明晰,能够让阅读者一目了然。

★ 结构清晰、主次分明可以使阅读者正确理解报告内容。

★ 图文并茂，可以令数据更加生动，提高视觉冲击力，有助于阅读者更形象、直观地看清楚问题和结论，从而产生思考。

◉ 结论明确化

分析报告需要有明确的结论，如图1-11所示。没有明确结论的分析称不上分析，同时也失去了报告的意义，因为我们最初就是为寻找或者求证一个结论才进行分析的，所以千万不要舍本逐末。

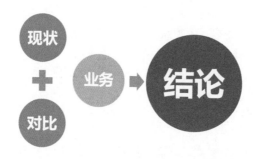

图1-11　结论形成过程

◉ 建议、解决方案业务化

最后，好的分析报告一定要有建议或解决方案。作为决策者，需要的不仅仅是找出问题，更重要的是建议或解决方案，以便他们在决策时做参考。所以，数据分析师不仅需要掌握数据分析方法，而且还要了解和熟悉业务，这样才能根据发现的业务问题，提出具有可行性的建议或解决方案。好的分析一定是出自对产品和运营的透彻理解。

Mr.林：以上是数据分析的6个关键步骤，今天只是简要介绍，以后将逐一为你讲解。说了这么多，给你讲一个段子轻松一下，顺便回顾一下刚讲的内容。

小白一听有段子听，立马精神起来：好啊！好啊！

Mr.林：如何判断数据分析师正处于分析流程的哪个阶段？

① 手托腮帮，沉思痛苦状——在思考分析思路。

② 手放键盘上不动，表情呆滞——在数据处理。

③ 鼠标在飞快移动——在用数据透视表做分析。

④ 不断交替单击鼠标左右键——在画图表。

⑤ 断断续续敲击键盘，时而移动鼠标——在写PPT分析报告。

小白：还真形象啊！Mr.林，您该不会说的就是您自己吧？呵呵！

Mr.林：哈哈，数据分析师差不多都是这样的状态。

1.3　数据分析的三大误区

Mr.林：小白，刚才对数据分析进行了简要介绍，而在实际的学习、工作中，常常有数据分析人员陷入一些误区，在这里我要告诉你一下，提醒你注意。

小白：好的，请Mr.林指教。

◉ 分析目的不明确，为分析而分析

经常有人问：要用多少图？除了摆数据，还需要说些什么？在此我想说的是，数据分析不应为了分析而分析，而是应该围绕你的分析目的（了解现状、找出业务变动原因、预测发展等）而进行分析。

只有对自己的分析目的有清晰的认识，你才知道要怎样去实现这个目的，需要通过哪些图表展现，才会知道这些图表是否能反映问题，自然而然地进行相应的问题分析，而不是连该说些什么都不知道。

◉ 缺乏业务知识，分析结果偏离实际

目前现有的数据分析师大多是统计学、计算机、数学等专业出身，他们大多缺乏从事营销、管理方面的工作经验，对业务的理解相对较浅，对数据的分析偏重于数据分析方法的使用，如回归分析、相关分析等。

有的公司老板抱怨手下的数据分析师每天给他看几十个零散数据，虽然做出的报告很专业，图表也很漂亮，但所做的分析忽视了业务逻辑上的关联性，得不到全面、综合性的结论。

在企业中所做的数据分析不是纯数据分析，而是需要多从业务方面进行分析，不应停留在数据表面，要思考数据背后的事实与真相，使得分析结果更加切合实际，为老板的决策提供有力的支撑，否则就是纸上谈兵。

所以，数据分析师的任务不是单纯做数学题，数据分析师还必须懂营销，懂管理，更要懂策略。

◉ 一味追求使用高级分析方法，热衷于研究模型

Mr.林：在进行数据分析时，相当一部分人都喜欢用回归分析、因子分析等高级分析方法，总认为有分析模型就是专业的，只有这样才能体现专业性，结果才是可信的。

其实不然，高级的数据分析方法不一定是最好的，能够简单有效解决问题的方法才是最好的。

我们坚信，仅有分析模型远远不够，围绕业务发现问题并解决问题才是数据分析的最终目的！不论高级的分析方法还是简单的分析方法，只要能够解决业务问题，就是好方法。

小白：好的，我在以后的工作中会注意这些，做好一名数据分析师并不是一件容易的事，我要努力向Mr.林看齐。

1.4　数据分析师的要求

Mr.林：随着经济的快速增长，各个行业企业的各种客户数据信息、交易数据信息也呈爆炸式增长。与此同时，数据分析这项工作越来越受到领导层的重视，借助数据分析的各种工具，从海量的历史数据中挖掘提取对业务发展有价值的、潜在的知识并发现趋势，可为决策层的决策提供有力的依据，对产品或服务的发展方向起到积极作用，因此数据分析人员也相应供不应求。

那么什么样的人能成为数据分析师呢？或者说数据分析师需要具备怎样的素质与能力呢？我们可以从硬件与软件两方面来衡量一名数据分析师是否优秀，是否合格？

1.4.1　数据分析师的硬件要求

硬件要求主要包括知识、经验、学历等，这些都可以通过学习、培训及工作的积累获得。主要的硬件可以用"五懂"来回答，即懂业务、懂管理、懂分析、懂工具，还要懂设计。

◎ 懂业务

从事数据分析工作的前提就是需要懂业务，即熟悉行业知识、公司业务及流程，最好有自己独到见解，若脱离行业认知和公司业务背景，分析的结果只会是脱了线的风筝，没有太大的实用价值。

例如，公司2011年的运营收入是1000万元，那么不熟悉业务的数据分析师看到的只是1000万这个数字，而熟悉业务的数据分析师，还能看到这个数字背后隐藏的信息，如1000万元是由哪几项业务收入构成的，哪项业务收入占主要部分，哪项业务收入占比最小，最高业务收入的地区又是哪个地区等。

这就是懂业务与不懂业务的数据分析师之间的区别。

从另外一个角度来说，懂业务也是对数据敏感性的体现。不懂业务的数据分析师，看到的只是一个个数字；懂业务的数据分析师，看到的则不仅仅是数字，他明白数字代表什么意义，知道数字是大了还是小了，心中有数，这才是真正意义的数据敏感性。

◎ 懂管理

懂管理，一方面体现在提出搭建数据分析框架的要求，比如刚才介绍的数据分析流程的第一步确定分析思路就需要用到营销、管理等理论知识来指导，如果不熟悉管理理论，那如何指导数据分析框架的搭建，以及开展后续的数据分析呢？

懂管理另一方面的作用是针对数据分析结论提出有指导意义的分析建议，如果没有管理理论的支撑，就难以确保分析建议的有效性。

所以数据分析师需要掌握一定的管理理论知识。

◎ 懂分析

懂分析是指掌握数据分析的基本原理与一些有效的数据分析方法，并能将它们灵活运用到实践工作中，以便有效地开展数据分析。

基本的分析方法有：对比分析法、分组分析法、结构分析法、分布分析法、交叉分析法、RFM分析法、矩阵关联分析法、综合评价分析法、结构分解法、因素分析法、漏斗图分析法等。

高级的分析方法有：相关分析法、回归分析法、聚类分析法、判别分析法、主成分分析法、因子分析法、对应分析法、时间序列分析法等。

不论简单还是复杂的分析方法，只要能解决问题的方法就是好方法。

◎ 懂工具

懂工具是指要掌握数据分析相关的常用工具。数据分析工具就是实现数据分析方法理论的工具，面对数量越来越庞大的数据，依靠计算器进行分析是不现实的，必须利用强大的数据分析工具完成数据分析工作。

常用的数据分析工具有Excel、Access、SPSS、Python、R，建议先用好Excel分析工具。Excel是一款非常实用的数据处理、分析的工具，它能解决你工作中遇到的80%，甚至100%的问题。有兴趣、时间、需要的话，再学习SPSS、Python、R等统计分析工具。

同样，应该根据研究的问题选择合适的工具，只要能解决问题的工具就是好工具。

◎ 懂设计

懂设计是指运用图表有效表达数据分析师的分析观点，使分析结果一目了然。

图表的设计是一门大学问，如图形的选择、版式的设计、颜色的搭配等，都需要掌握一定的设计原则。

小白：颜色搭配都有要求？不能根据我自己的喜好选择吗？

Mr.林：当然有要求，根据喜好选择也要在符合设计原则的基础上选择，如公司的VI设计是以蓝色为主色调，属冷色系的，那么你选的图表颜色就要与公司的VI设计相吻合，尽量避免使用红色、黄色等暖色系的颜色，这方面知识我会在数据展现部分再为你详细介绍。

小白：好的，看来要成为一名合格的数据分析师还有很长的路要走啊。

1.4.2　数据分析师的软件要求

Mr.林接着说道：要成为一名优秀的数据分析师并非一件容易的事。虽然大学的专业与数据分析不相关，但你可以通过在工作中不断实践来学习数据分析，这需要付出大量的时间和精力，不经一番寒彻骨，怎得梅花扑鼻香？

刚才介绍的是数据分析师的硬件要求，现在再介绍数据分析师的软件要求。

◉ 态度严谨负责

严谨负责是数据分析师的必备素质之一，只有本着严谨负责的态度，才能保证数据的客观、准确。

从企业角度来说，数据分析师可以说是企业的医生，他们通过对企业运营数据的分析，为企业寻找症结及潜在问题。一名合格的数据分析师，应具有严谨负责的态度，保持中立立场，客观评价企业在发展过程中存在的问题，为决策层提供有效的参考依据。数据分析师不应受其他因素影响而更改数据，隐瞒企业存在的问题，这样做对企业发展是非常不利的，甚至会造成严重的后果。

从数据分析师个人角度来说，如果曾经作假，那么从此以后所做的数据分析结果都将受到质疑，因为你不再是可信赖的人，在同事、领导、客户面前已经失去了信任。

所以，作为一名数据分析师必须持有严谨负责的态度，这是最基本的职业道德。

◉ 好奇心强烈

好奇心人皆有之，但是作为数据分析师，这份好奇心应该更加强烈，应该把自己当成数据福尔摩斯，要积极主动地发现和挖掘隐藏在数据内部的真相。

在数据分析师的脑子里，应该充满着无数个"为什么"：为什么是这样的结果，为什么不是那样的结果，导致这个结果的原因是什么，为什么结果不是预期的那样等，只有这样才有突破点。

这一系列问题都要在进行数据分析时提出来，并且通过数据分析，给自己一个满意的答案。越是优秀的数据分析师，好奇心越不容易满足，回答了一个问题，又会抛出一个新的问题，继续研究下去。

只有拥有了这样一种刨根问底的精神，才会对数据和结论保持敏感，继而顺藤摸瓜，找出数据背后的真相。当然，你也会从中获取成就感。

◉ 逻辑思维清晰

除了一颗探索真相的好奇心，数据分析师还需要具备缜密的思维和清晰的逻辑推理能力。我记得有位大师说过：结构为王。何谓结构，结构就是我们常说的逻辑，不论说话还是写文章都要有条理、有目的地做，不可眉毛胡子一把抓，不分主次。

通常，从事数据分析时所面对的商业问题都是较为复杂的，我们要思考错综复杂问题的成因，分析所面对的各种复杂的环境因素，并在问题的若干发展可能性中选择一个最优的方向。这就需要我们对事实有足够的了解，同时也需要我们能真正理清问题的整体以及局部的结构，在深度思考后，理清结构中相互的逻辑关系，只有这样才能真正客观地、科学地找到商业问题的答案。

◉ 擅长模仿学习

在做数据分析时，有自己的想法固然重要，但是"前车之鉴"也是非常有必要学习的，它能帮助数据分析师迅速成长。因此，模仿学习是快速提高学习成果的有效方法。这里说的模仿主要是指参考、借鉴他人优秀的分析思路和方法，而非直接"照搬"。

成功的模仿需要领会他人方法的精髓，理解其分析原理，透过表面看到实质。万变不离其宗，要善于将这些精华转化为自己的知识，否则，只能是"一直在模仿，从未超越过"。

◉ 勇于创新

通过模仿可以借鉴他人的成功经验，但模仿的时间不宜太长。并且建议每次模仿后都要进行总结，提出可以改进的地方，甚至要有所创新，不断总结分析方法、分析思路、分析流程，在总结中前行。

创新是一名优秀数据分析师应具备的精神，只有不断创新，才能提高自己的分析水平，使自己站在更高的角度来分析问题，为整个研究领域乃至社会带来更大的价值。现在的分析方法和研究课题千变万化，墨守成规是无法很好地解决所面临的新问题的。

听到这里，小白掰着手指头算自己有几条符合优秀数据分析师的素质和能力。

Mr.林继续说道：学习数据分析需要时间和经验的积累，这些素质与能力不是说有就有的，需要慢慢培养形成，不能一蹴而就。在工作中运用不同的分析方法对数据进行分析，并与业务部门的同事积极沟通，加深自己对整个行业或研究内容的理解，相信在两到三年内，你就能成为一名合格的数据分析师。

小白：好的，我会努力学习的。

1.5 几个常用指标和术语

Mr.林：一名优秀的数据分析师要有扎实的数据解读功底，因为在进行数据分析时，经常会遇到一些分析指标或术语，对这些指标或术语的理解不够充分就没法开展工作。还有一些时间，我先给你简单介绍一些基础的分析指标和术语。

小白：好的。

◎ 平均数

Mr.林：我们在日常生活中提到的平均数，一般是指算术平均数，就是一组数据的算术平均值，即全部数据累加后除以数据个数。算术平均数是非常重要的基础性指标，它的特点是将总体内各单位的数量差异抽象化，代表总体的一般水平，掩盖了总体内各单位的差异。

例如现有某学期学生的数学考试成绩，通过计算成绩平均数，可得如图1-12所示的结果。将每位同学的数学成绩与平均数相比较，就能发现哪些同学的数学成绩高于平均数，需要保持；哪些同学的成绩低于平均数，需要继续努力。

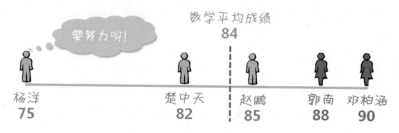

图1-12 数学平均成绩

当然，在平均数这个指标中，除算术平均数以外，还有其他平均数，如调和平均数和几何平均数。

小白：一个小小的平均数都有这么多学问呀！

◎ 绝对数与相对数

Mr.林：绝对数是反映客观现象总体在一定时间、地点条件下的总规模、总水平的综合性指标，也是数据分析中常用的指标，如GDP、总人口等。此外，绝对数也可以表现为在一定时间、地点条件下数量增减变化的绝对数，比如A国人口比B国人口多1000万。

相对数是指由两个有联系的指标对比计算而得到的数值，是用以反映客观现象之间数量联系程度的综合指标。计算相对数的基本公式是：

$$相对数 = 比较数值（比数） \div 基础数值（基数）$$

分母是用作对比标准的指标数值，简称基数；分子是用作与基数对比的指标数值，简称比数。相对数一般以倍数、成数、百分数等表示，它反映了客观现象之间数量联系的程度。

使用相对数时需要注意指标的可比性，同时要与总量指标（绝对数）结合使用，如图1-13所示。

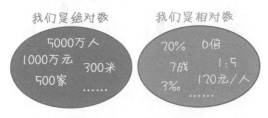

图1-13　绝对数与相对数

◉ 百分比与百分点

Mr.林：百分比是相对数中的一种，它表示一个数是另一个数的百分之几，也称百分率或百分数。百分比通常采用百分号（%）来表示，如8%、50%、168%等。由于百分比的分母都是100，也就是都以1%作为度量单位（如图1-14所示），因此便于比较，在数据分析中的应用非常广泛。

$$\frac{10}{100} = 10\%$$

图1-14　百分比的表示形式

百分点是指不同时期以百分数的形式表示的相对指标的变动幅度，1个百分点=1%。例如，图1-15中某公司发言人就混淆了百分比与百分点的概念。表示构成的变动幅度不宜用百分数，而应该用百分点。因此，这位公司发言人正确的说法应该是"公司今年的利润是45%，比去年的28%提高了17个百分点"。

图1-15　百分比与百分点

◉ 频数与频率

Mr.林：频数是指一组数据中个别数据重复出现的次数。如图1-16所示，某校A班共50名学生，按性别进行分组，分为男与女两个组别，男同学的频数为30，女同学的频数为20。

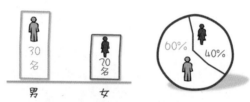

图1-16　频数与频率

频率是每组类别次数与总次数的比值，它代表某类别在总体中出现的频繁程度，一般采用百分数表示，所有组的频率加总等于100%。还是用某校A班的例子，30个男同学在50个同学中出现的频率为60%，即（30÷50）×100%；而20个女同学在50个同学中出现的频率为40%，即（20÷50）×100%，如图1-16所示。

所以频数是绝对数，频率是相对数。

◉ 比例与比率

Mr.林：比例与比率都是相对数。

比例是指在总体中各部分的数值占全部数值的比重，通常反映总体的构成和结构。比如A班共有学生50人，男生30人，女生20人，则男生的比例是30：50，女生的比例是20：50。由此可以看出，比例的基数（也就是分母）都是全体学生人数，即为同一个基数。

比率是指不同类别数值的对比，它反映的不是部分与整体之间的关系，而是一个整体中各部分之间的关系。比如刚才的例子，男生30人，女生20人，则男生与女生的比率是30：20，如图1-17所示。这一指标经常用在社会经济领域，比如我国的人口性别比就是用每100名女性数量相对的男性数量来表示的。

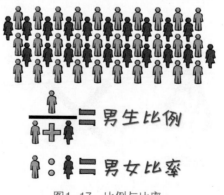

　　　　　　　　　　　　　　　图1-17　比例与比率

◉ 倍数与番数

Mr.林：倍数与番数同样属于相对数，但使用时容易混淆。倍数是一个数除以另一个数所得的商。比如A÷B＝C，就是说A是B的C倍。需要注意的是，倍数一般表示数量的增长或上升幅度，而不适用于表示数量的减少或下降。

番数是指原来数量的2的N次方倍。比如翻一番为原来数量的2倍（2^1），翻两番为4倍（2^2）。如图1-18所示，这位公司发言人在讲话中就混淆了倍数与番数的概念。正确的说法应该是"公司产品销量翻一番（$6.4 = 3.2×2^1$），从去年的3.2万件提高到今年的6.4万件。此外，我们成本控制也很好，由20万元下降了50%，今年成本为10万元"。

图1-18　倍数与番数

◉ 同比与环比

Mr.林：同比是指与历史同时期进行比较得到的数值，该指标主要反映的是事物发展的相对情况。例如，2010年12月与2009年12月相比，如图1-19的左图所示。

环比是指与前一个统计期进行比较得到的数值，该指标主要反映的是事物逐期发展的情况。例如，2010年12月与2010年11月相比，如图1-19的右图所示。

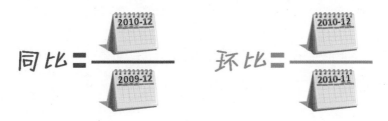

图1-19　同比与环比

Mr.林：讲了这么多，我估计你都听晕了。没关系，这些内容现在听起来虽然枯燥，但能够为你以后做数据分析打下坚实的基础。其中一些内容需要通过实际操作才能有更深刻的体会。

小白：是啊。我明白您讲的这些都是基本功，回去后我一定认真复习、加深理解，绝不辜负您的教导。

1.6 本章小结

Mr.林：今天讲了不少内容，估计你有点应接不暇了，我带着你回顾一下这些内容。

★ 什么是数据分析以及数据分析的三大作用。

★ 数据分析的流程：首先是明确分析目的和思路，然后是根据分析目的和思路进行数据收集，第三步是将收集回来的数据进行处理，第四步是基于处理好的数据进行数据分析，第五步是将分析出的结果通过图表的方式展现出来，最后一步是撰写数据分析报告。

★ 认识常见的数据分析误区，明白数据分析师的要求与基本素质，了解如何成为一名合格的数据分析师。

★ 数据分析中经常用到的指标和术语，除掌握最基本的平均数、百分比等概念以外，还需要将容易混淆的指标进行明确区分，避免在以后阐述分析结果时出现错误。

最后，送数据分析心法给你，也叫作数据分析三字经。

① 学习：先了解，后深入；先记录，后记忆；先理论，后实践；先模仿，后创新。

② 方法：先思路，后方法；先框架，后细化；先方法，后工具；先思考，后动手。

③ 分析：先业务，后数据；先假设，后验证；先总体，后局部；先总结，后建议。

你现在看这个可能还不会有太深刻的理解，没关系，正如数据分析三字经里所说，"先了解，后深入；先记录，后记忆"，等积累一定经验后再回头看，你就会深有感触。

小白：谢谢Mr.林的指点，您说的我都记下了，我会加倍努力，早日出师。

第2章
结构为王，确定分析思路

数据分析方法论
常用的数据分析方法论

第二天早上一上班，小白就揣着笔记本电脑来到Mr.林办公桌前：Mr.林，早上好呀！我又来了，今天学什么呢？

Mr.林：早上好！小白，你好勤奋呀！学习态度真不错。

小白：那当然，有您这样的好老师，我不勤奋点，就太对不起您啦！

Mr.林：那我们开始今天的课程吧！昨天已经向你介绍了什么是数据分析、数据分析的作用、数据分析的流程等知识，让你对数据分析有了一个整体认识，今天我们就来学习如何开展数据分析。首先要学的就是如何确定分析思路，这是非常关键的一步，如果分析思路不明确或者错误，那么后续的数据分析工作也就无从开展了。

小白：好的。

2.1　数据分析方法论

Mr.林：昨天提到确定分析思路需要以营销、管理等理论为指导，我们把这些跟数据分析相关的营销、管理等理论统称为数据分析方法论。今天我们先学习数据分析方法论。

小白：方法论？听起来好高深呀！

Mr.林：小白，不要一听到方法论就觉得它深不可测，我先给你讲一件亲身经历的事。

在我刚开始从事数据分析工作时，经常需要做一些专题分析，如对公司的某个业务问题进行专项研究。每当完成专题分析向老板汇报分析结果时，老板首先就问："你的分析方法论是什么？说来听听，我看分析报告就先看你的分析方法论，如果分析方法论不正确或不合理，后面的分析结果也就没有必要看了，在一个不正确或不合理的方法论的指导下，得到的分析结果是不可能正确的。"

当年老板的这番话对我触动很深，在后续的专题分析中，我养成了在分析方法论指导下开展分析的习惯，以确保分析结果具有指导意义。

小白点点头：明白了。方法论就是指南针，南辕北辙是很难到达目的地的。

2.1.1　数据分析方法论与数据分析法的区别

Mr.林：刚开始我对方法论的概念也比较模糊，学校里老师没教过，相关的书籍中也没介绍过，只好自己琢磨研究。经过一段时间的思考、研究，以及老板的点拨，我终于参透了其中的奥秘。数据分析方法论主要用来指导数据分析师进行一次完整的数据分析，它更多的是指数据分析思路，比如主要从哪几方面开展数据分析？各方面包含什么内容和指标？

所以，数据分析方法论主要从宏观角度指导如何进行数据分析，它就像一个数据分析的前期规划，指导着后期数据分析工作的开展。而数据分析法则是指具体的分析方法，如我们常见的对比分析、交叉分析、相关分析、回归分析、聚类分析等数据分析法。数据分析法主要从微观角度指导如何进行数据分析。

　　Mr.林看小白似懂非懂的样子，就想到结合小白的喜好，以吸引她的兴趣及注意力：这样，我给你打个比方，数据分析方法论与数据分析法的关系就好比服装制作。

　　还没等Mr.林说完，小白就抢着说：数据分析跟服装制作都能扯上关系？有意思，Mr.林，你继续讲。

　　Mr.林假装生气地说：我正要说呢，明明是你把话抢过去了，你叫我如何往下说？

　　小白笑嘻嘻地说道：Mr.林，别生气，我这不是一听到做衣服就激动吗，您大人不计小人过！

　　Mr.林见小白已经认错了：好吧，谁让我心太软呢。

　　服装制作首先需要进行服装设计，设计服装样式，并画出服装设计图，然后裁缝师傅就按着设计好的服装设计图制作服装。

　　服装制作期间涉及裁剪、缝纫、熨烫等工序，需要用到不同的专业工具及技术。

★　专业工具有剪刀、缝纫机、电熨斗等。

★　裁剪专业的技术有平面裁剪、立体裁剪等。

★　缝纫专业的技术有合缝、包缝、骑缝等。

★　熨烫专业的技术有压烫、吸烫、坐烫等。

　　数据分析方法论好比服装设计图，它为我们的数据分析工作指引方向，数据分析法好比服装制作的技术，它为完成各个数据的分析提供技术保障与支持。数据分析与服务制作的对比如图2-1所示。

	数据分析	服装制作
方法论	5W2H、4P、逻辑树等分析思路	服装设计图
工具	Excel、SPSS、SAS等	剪刀、缝纫机、电熨斗等
技术	交叉分析、相关分析、回归分析、聚类分析等	平面、立体裁剪等 合缝、包缝、骑缝等 压烫、吸烫、坐烫等

图2-1　数据分析与服装制作对比图

　　小白：Mr.林，经您这么一打比方，我对数据分析方法论有了进一步的理解，基本上明白是怎么回事了，这个比方真是恰如其分。

2.1.2　数据分析方法论的重要性

　　Mr.林：很多人在做数据分析时，经常遇到以下这几个问题——不知从哪方面入手开展分析；分析的内容和指标常常被质疑是否合理、完整，而自己也说不出原因。对这些问题常常感到困惑。

这就是我为什么强调数据分析方法论的原因，刚才也说过，数据分析方法论主要用来指导数据分析师进行一次完整的数据分析，而只有在营销、管理等方法和理论的指导下，结合实际业务情况，才能确保数据分析维度的完整性、分析结果的有效性及正确性。

数据分析方法论主要有以下几个作用。

★ 理顺分析思路，确保数据分析结构体系化。

★ 把问题分解成相关联的部分，并显示它们之间的关系。

★ 为后续数据分析的开展指引方向。

★ 确保分析结果的有效性及正确性。

如果没有数据分析方法论的指导，整个数据分析报告虽然各方面都涵盖到了，但会让人感觉还缺点什么。其实就是报告主线不明，各部分的分析逻辑不清。

在第一节课的时候我就跟你说过，一份好的分析报告，首先要有好的分析框架，并且图文并茂，层次明晰，能够让阅读者一目了然。结构清晰、主次分明可以使阅读者正确理解报告内容；图文并茂，可以令数据更加生动，提高视觉冲击力，有助于阅读者更形象、直观地看清楚问题和结论，从而产生思考。

小白：确实是这样的，就跟我们写毕业论文是一个道理，需要结构清晰，从提出问题、分析问题到解决问题，始终围绕核心问题展开论述。

Mr.林：对，道理一样。我们接下来重点介绍数据分析方法论，也就是如何用数据分析方法论指导我们确定分析思路，进而确定需要分析的内容或指标。

2.2 常用的数据分析方法论

2.2.1 PEST分析法

Mr.林：小白，首先要考考你，你知道有哪些营销管理模型吗？

小白为难地说道：不好意思，我不太了解这方面的知识。

Mr.林：好吧，那我来告诉你几个重要的理论。营销方面的理论模型有4P、用户使用行为、STP理论、SWOT等，而管理方面的理论模型有PEST、5W2H、时间管理、生命周期、逻辑树、金字塔、SMART原则等。这些都是经典的营销、管理方面的理论，需要在工作中不断实践应用，你才能体会其强大的作用。

我们就挑选其中的PEST、5W2H、逻辑树、4P、用户使用行为这五个比较经典实用的理论，谈谈如何在建立数据分析框架时将它们作为指导。

Mr.林：首先介绍的是PEST分析法。

PEST分析法用于对宏观环境进行分析。宏观环境又称一般环境，是指影响一切行业和企业的各种宏观力量。对宏观环境因素做分析时，由于不同行业和企业有其自身特点和经营需要，分析的具体内容会有差异，但一般都应对政治（Political）、经济（Economic）、技术（Technological）和社会（Social）这四大类影响企业的主要外部环境因素进行分析，如图2-2所示，这种方法简称为PEST分析法。

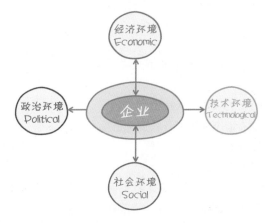

图2-2　PEST分析法示例

◉ 政治环境

政治环境包括一个国家的社会制度，执政党的性质，政府的方针、政策、法令等。不同的国家有不同的社会性质，不同的社会制度对组织活动有不同的限制和要求。构成政治环境的关键指标有：政治体制、经济体制、财政政策、税收政策、产业政策、投资政策、国防开支水平、政府补贴水平、民众对政治的参与度等。

◉ 经济环境

经济环境主要包括宏观和微观两个方面的内容。宏观经济环境主要指一个国家的国民收入、国内生产总值及其变化情况，以及通过这些指标反映的国民经济发展水平和发展速度。微观经济环境主要指企业所在地区或所服务地区的消费者的收入水平、消费偏好、储蓄情况、就业程度等因素，这些因素直接决定着企业目前及未来的市场大小。

构成经济环境的关键指标有：GDP及增长率、进出口总额及增长率、利率、汇率、通货膨胀率、消费价格指数、居民可支配收入、失业率、劳动生产率等。

⊙ 社会环境

社会环境包括一个国家或地区的居民受教育程度和文化水平、宗教信仰、风俗习惯、价值观念、审美观点等。文化水平会影响居民的需求层次；宗教信仰和风俗习惯会禁止或抵制某些活动的进行；价值观念会影响居民对组织目标、组织活动以及组织存在本身的认可；审美观点则会影响人们对组织活动内容、活动方式以及活动成果的态度。

构成社会文化环境的关键指标有：人口规模、性别比例、年龄结构、出生率、死亡率、种族结构、妇女生育率、生活方式、购买习惯、教育状况、城市特点、宗教信仰状况等因素。

⊙ 技术环境

技术环境除了要考察与企业所处领域直接相关的技术手段的发展变化外，还应及时了解：

★ 国家对科技开发的投资和支持重点。

★ 该领域技术发展动态和研究开发费用总额。

★ 技术转移和技术商品化速度。

★ 专利及其保护情况等。

构成技术环境的关键指标有：新技术的发明和进展、折旧和报废速度、技术更新速度、技术传播速度、技术商品化速度、国家重点支持项目、国家投入的研发费用、专利个数、专利保护情况等因素。

现在我们以中国互联网行业分析为例，采用PEST分析法整理分析思路，构建中国互联网行业分析框架。如图2-3所示，根据PEST分析法列出了进行中国互联网行业分析所需要了解的一些背景，如中国网民与中国公民在人口规模、性别比例、年龄结构、人口分布、生活方式、购买习惯、教育状况、城市特征、宗教信仰状况等方面是否有区别。此处仅为方法使用示例，并不代表互联网行业分析只需要做这几方面的分析，还可根据实际情况进一步调整和细化相关分析指标。

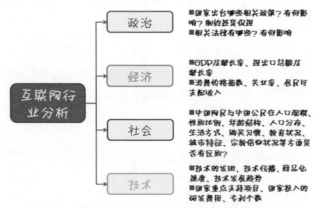

图2-3 用PEST分析法对互联网行业进行分析示例

2.2.2　5W2H分析法

Mr.林： 第二个分析理论就是5W2H分析法。

在职场中，很多人逻辑思路很清晰，但是也有些人说话老是抓不住重点，费尽口舌讲了半天，大家还是听不懂他在说什么，这种人就缺乏逻辑训练。在所有逻辑思考方法中，5W2H分析法可以说是最容易学习和操作的方法之一。

5W2H分析法是以五个W开头的英语单词和两个H开头的英语单词进行提问，从回答中发现解决问题的线索，即何因（Why）、何事（What）、何人（Who）、何时（When）、何地（Where）、如何做（How）、何价（How much），这就构成了5W2H分析法的总框架，如图2-4所示。

图2-4　5W2H分析法示例

该方法简单、方便，易于理解和使用，富有启发意义，广泛用于企业营销、管理活动，对于决策和执行性的活动措施非常有帮助，也有助于弥补考虑问题的疏漏。其实对任何事情都可以从这七大方面去思考，对于不善分析问题的人，只要多练习即可上手，所以同样它也适用于指导建立数据分析框架。

现在以用户购买行为分析为例，我们来学习5W2H分析法。例如，我们需要了解公司产品的用户购买行为是怎样的。这时可在5W2H分析法的指导下整理分析用户购买行为的思路，建立用户购买行为分析框架。如图2-5所示，根据5W2H分析法列出了对用户购买行为的分析所需要了解的一些情况，比如用户购买的目的是什么，公司产品在什么方面吸引了用户等问题。

确定了分析框架后，我们再根据分析框架中的这些问题形成可量化的指标进行衡量和评价，例如月均购买次数、人均购买量、再次购买平均间隔时长等。

Mr.林： 小白，5W2H分析法是不是让你觉得分析某个问题变得简单多了？

小白： 是的，这个方法在分析问题的时候真好用，有了它的指导，我就知道要从哪几个方面思考、分析问题了。

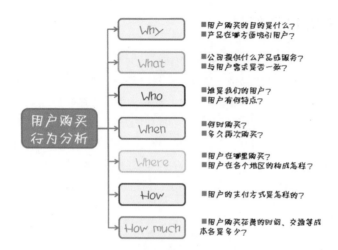

图2-5　5W2H分析法在用户购买行为分析上的应用

Mr.林：同PEST分析法一样，这里举的例子并不代表用户购买行为就只有图2-5所示的这些内容，要做到具体问题具体分析，在使用的时候根据实际情况进行应用。此处举例只是起到抛砖引玉的作用，开拓你的分析思路。

2.2.3　逻辑树分析法

Mr.林：逻辑树又称问题树、演绎树或分解树等。

逻辑树是分析问题最常使用的工具之一，它是将问题的所有子问题分层罗列，从最高层开始，并逐步向下扩展。

把一个已知问题当成树干，然后开始考虑这个问题和哪些问题有关。每想到一点，就给这个问题所在的树干加一个"树枝"，并标明这个"树枝"代表什么问题，如图2-6所示。

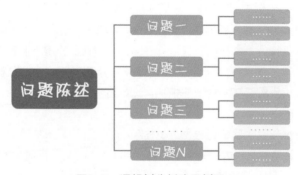

图2-6　逻辑树分析法示例图

　在一个大的"树枝"上还可以有小的"树枝"，依此类推，找出与问题相关联的所有项目。逻辑树的作用主要是帮助你理清自己的思路，避免进行重复和无关的思考。

逻辑树能保证解决问题的过程的完整性，它能将工作细分为便于操作的任务，确定各部分的优先顺序，明确地把责任落实到个人。

逻辑树的使用必须遵循以下三个原则。

★ 要素化：把相同问题总结归纳成要素。

★ 框架化：将各个要素组织成框架，遵守不重不漏的原则。

★ 关联化：框架内的各要素保持必要的相互关系，简单而不孤立。

利用逻辑树分析法，同样可以理清分析思路。例如，我们需要进行公司利润增长缓慢的专题研究，可采用图2-7所示的框架进行数据分析。当然，要根据自己公司的实际情况进行调整，也就是具体问题具体分析。

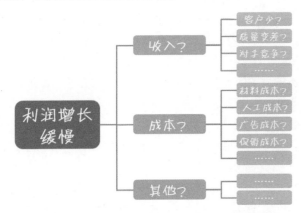

图2-7　逻辑树分析法在利润分析中的应用

不过逻辑树分析法也有缺点，就是涉及的相关问题可能有遗漏，虽然可以用头脑风暴法把涉及的问题总结归纳出来，但还是难以避免存在考虑不周全的地方。所以在使用逻辑树的时候，尽量把涉及的问题或要素考虑周全。

2.2.4　4P营销理论

Mr.林：4P营销理论产生于20世纪60年代的美国，它是随着营销组合理论的提出而出现的。营销组合实际上有几十个要素，这些要素可以概括为4类，产品（Product）、价格（Price）、渠道（Place）、促销（Promotion），即著名的4P营销理论，如图2-8所示。

★ 产品（Product）：从市场营销的角度来看，产品是指能够提供给市场，被人们使用和消费并满足人们某种需要的任何东西，包括有形产品、服务、人员、组织、观念或它们的组合。

图2-8　4P营销理论示例

★ 价格（Price）：是指顾客购买产品时的价格，包括基本价格、折扣价格、支付期限等。价格或价格决策关系到企业的利润、成本补偿，以及是否有利于产品销售、促销等问题。

影响定价的主要因素有三个，需求、成本与竞争。最高价格取决于市场需求，最低价格取决于该产品的成本费用，在最高价格和最低价格的区间内，企业能把这种产品价格定多高则取决于竞争者的同种产品的价格。

★ 渠道（Place）：是指产品从生产企业流转到用户手上的全过程中所经历的各个环节。

★ 促销（Promotion）：是指企业通过销售行为的改变来刺激用户消费，以短期的行为（比如让利、买一送一、营销现场气氛等）促成消费的增长，吸引其他品牌的用户或导致提前消费来促进销售的增长。广告、宣传推广、人员推销、销售促进是一个机构促销组合的四大要素。

如果需要了解公司的整体运营情况，就可以采用4P营销理论对数据分析进行指导，这样就可以较为全面地了解公司的整体运营情况。现在就以4P营销理论为指导，搭建公司业务分析框架。

搭建好的公司业务分析框架如图2-9所示。同样，根据这些确定的问题，可再将它们细化为数据分析指标。比如公司提供哪些产品或服务，我们就可用公司产品构成来表示。

Mr.林：小白，还是那句话，具体问题具体分析。不是所有公司业务分析的内容都仅限于图2-9列出的这些，这里只是通过举例说明4P营销理论的指导作用，而在做公司业务分析的时候，需要根据实际业务情况进行调整，灵活运用，切忌生搬硬套。只有深刻理解公司业务的同时才能较好地进行业务方面的数据分析，否则将脱离业务实际，得出无指导意义的结论，犹如纸上谈兵，甚至贻笑大方。

小白连连点头并在职场日记中写下：**具体问题具体分析，灵活运用，切忌生搬硬套。**

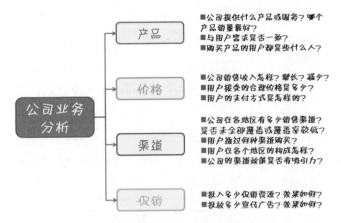

图2-9 4P营销理论在公司业务分析中的应用

2.2.5 用户使用行为理论

Mr.林: 网站分析的发展已经较为成熟,有一套成熟的分析指标。比如IP、PV、页面停留时间、跳出率、回访者、新访问者、回访次数、回访相隔天数、流失率、关键字搜索、转化率、登录率,等等。遇到这么多指标,所有的指标都要采用吗?什么指标该采用?什么指标又不该采用?各指标之间有何联系?先分析哪个指标?后分析哪个指标?

小白做晕菜状: 这么多问题!不行了,彻底晕了!

Mr.林: 所以我们需要梳理它们之间的逻辑关系,比如利用用户使用行为理论进行梳理。小白,这就是我们要学习的另外一个理论,即用户使用行为理论,也是非常实用的数据分析指导理论之一。

用户使用行为是指用户为获取、使用物品或服务所采取的各种行动,用户对产品首先需要有一个认知、熟悉的过程,然后试用,再决定是否继续消费使用,最后成为忠诚用户。用户使用行为的完整过程,即轨迹示例如图2-10所示。

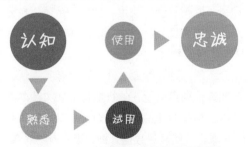

图2-10 用户使用行为的轨迹示例图

现在我们可利用用户使用行为理论,梳理网站分析的各关键指标之间的逻辑关系，构建符合公司实际业务的网站分析指标体系，如图2-11所示。

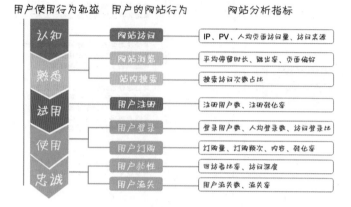

图2-11　用户使用行为理论在网站分析中的应用

　　Mr.林：小白，这个方法同样需针对具体问题进行具体分析，灵活运用，此处就不再赘述了。

　　小白：好的。

2.3　本章小结

　　Mr.林缓了缓，接着说：我们前面讲解了几种数据分析方法论，你可以根据实际情况选择所需的方法论。下面和昨天一样，我们一起做一个简要的回顾。

　　★　PEST分析理论主要用于行业分析。

　　★　4P分析理论主要用于公司整体经营情况分析。

　　★　逻辑树分析理论可用于业务问题专题分析。

　　★　用户使用行为理论的用途较单一，就是用于用户行为研究分析。

　　★　5W2H分析理论的用途相对广泛，可用于用户行为分析、业务问题专题分析等。

　　当然，这些方法论也可以相互嵌套使用。例如，用逻辑树分析法搭建分析框架，而下一层级的问题可以从4P的角度分析，也可以用5W2H法分解问题。记住，根据实际情况灵活选择使用，切勿生搬硬套。

　　方法论不限于刚才介绍的几种，除此之外，还有金字塔法、生命周期理论等，对于这些方法的应用，需要你根据自己所在的行业特征在实践中摸索，前提是需要了解行业知识、公司业务，以及相关的营销管理模型，只有把它们有机地结合使用，才能指导数据分析工作有序开展，才能确保数据分析结果具有指导意义。

　　小白：太棒了，经您这么一介绍，理论指导实践不再那么缥渺虚幻，再多多复习，我就可以自己"设计服装图纸"了。

第 **3** 章

无米难为巧妇，数据准备

理解数据

数据来源

　　小白刚入职不久，就被牛董责备做事效率低，整理一份报表都要折腾个半天，因此十分郁闷。她还记得牛董丢下的最后一句话，"现如今是数据、报表、PPT满天飞的商业时代，不懂数据怎么混？有空你去跟Mr.林学学怎么整理数据！"

　　得到老板的指令后，小白就奔着Mr.林的办公桌来了：今天牛董特意让我来向您请教如何玩转数据。不知道您是否有时间指点指点我？

　　Mr.林爽快地答应了：没问题呀！不用说"请教"，太客气了。我们就继续一起来聊聊数据吧！俗话说"巧妇难为无米之炊"，小白，你应该听过这句谚语吧？

　　小白不解：听过啊！怎么啦？这跟我们的数据分析有什么关系？

　　Mr.林：不仅有关系，而且它们的关系密切着呢！

　　首先，数据就好比谚语中的"米"。做数据分析必须要有数据吧，从一开始的数据收集、数据处理、数据分析都离不开数据；而做饭呢，同样先要买米，洗米，然后煮米饭，你看看数据和米在数据分析和做饭的流程中作用类似吧！

　　其次，数据分析师就好比要做饭的小媳妇。数据分析师要对数据进行分析，小媳妇在家就要做饭！

　　最后，数据的处理与分析就好比煮米饭。做饭需要炊具，做数据分析也要有分析工具。我们这里选择最大众的工具——Excel，它是学习和工作中最常见的办公软件之一，而且非常容易掌握，所以后续我介绍的数据处理、分析相关的操作都用它来完成。

　　小白兴奋地说道：经您这么一说，它们的关系还真是非常密切，现在我对数据分析的了解又进了一步。数据分析就好比婚姻一样，外面的人看着甜蜜、浪漫、风光，可里面的人才知道都是些柴米油盐酱醋茶的琐碎事儿。

　　Mr.林：对！小白你还没结婚怎么就有这么大的感触？呵呵。

　　小白顿时羞得脸上红云阵阵。

　　Mr.林接着说道：今天，我们学习以下知识。

　　★ "米"的构造、种类和要求——理解数据。

　　★ "米"从哪里来——数据来源。

　　小白精神抖擞地说：好！

3.1　理解数据

　　Mr.林：扎实的数据分析基本功不单是指会使用数据分析工具，更重要的是对数据有深入认识和解读。很多人一开始并不能清晰地认识到数据分析对数据有什么要求。正是因为如此，从事数据分析相关工作时，才会有比较迷茫、无从下手的感觉。因此，对数据的理解是数据分析的一个重要前提。

小白：被您说中了，我现在还真不知道数据到底长什么模样？

Mr.林：那好，千里之行始于足下，我们现在就来看看数据都长什么模样。

3.1.1 字段与记录

Mr.林：小白，你刚从学校走进社会，就用一个你最熟悉的例子吧。先回想一下学生时代老师手里那份成绩表，里面不仅能看到自己的成绩，还能看到其他同学的成绩，以及整个学期的总分。回想一下这份成绩表是不是如图3-1所示的这样？

小白：成绩表差不多都是这样的。

学号	姓名	性别	语文	数学	英语	总分	总评
1	赵鹏	男	89	85	84	258	良好
2	郭南	女	90	88	95	273	优秀
3	杨洋	男	75	75	78	228	及格
4	楚中天	男	78	82	70	230	及格
5	邓柏涵	女	83	90	80	253	良好
...	...	...	...	...	...	...	...

图3-1 某学期学生考试成绩表

Mr.林：在这份成绩表里，从横向看，每一行是同学的基本情况和成绩；从纵向看，每一列描述了一类数据，如第3列是每位同学的性别资料，第4列是每位同学的语文成绩，等等。

这样的成绩表从数据分析的角度来看，就是一个典型的数据库。成绩表最上面的"学号""姓名""性别""总分"等被称为字段，字段是数据库中的说法，而每位同学的基本情况和成绩就构成了一条一条的数据记录，如图3-2所示。

图3-2 某学期学生考试成绩表（字段与记录）

从数据分析的角度来理解字段和记录的概念如下所述。

★ 字段是事物或现象的某种特征。比如成绩表中的"学号""姓名""总分"等都是字段，在统计学中称为变量。

★ 记录是事物或现象某种特征的具体表现。比如成绩表中的"性别"可以是男或女，"总分"可以是273或者230等，记录也称为数据或变量值。

小白：明白了，原来数据表需要由字段与记录共同组合而成。

49

3.1.2　数据类型

Mr.林：小白，看完成绩表，我们再来看下一个例子，职工信息表，如图3-3所示。你来看看，表中的数据大概可以分为几种类型？

员工号	姓名	性别	部门	入职日期	工龄
A00006	张三	男	IT部	1970-06-20	17
A00431	赵四	男	市场部	1962-07-14	25
A07520	王二	女	设计部	1979-12-31	18
A01402	周五	女	开发部	1974-12-01	13
A02700	田七	男	销售部	1978-12-29	9
A09943	李九	男	后勤部	1999-03-20	8

图3-3　职工信息表

小白：我瞧瞧，有数字、文字、日期，差不多就这三类吧。

Mr.林：对！我们最常用的数据类型可以归结为两大类：字符型与数值型。

◎ 字符型数据

字符型数据是不具有算术运算能力的文本数据类型。它包括中文字符、英文字符、数字字符（非数值型）等字符。例如，成绩表中的"姓名""性别""总评"三个变量均为字符型数据，职工信息表中的"员工号""姓名""性别""部门"四个变量均为字符型数据。

字符型数据属于分类数据，即可以按字符型数据进行分类统计，如按性别分类统计，按部门分类统计，按姓名分类统计。

◎ 数值型数据

数值型数据表示数量，是可进行算术运算的数据类型。例如，成绩表中的"语文""数学""英语"三科成绩加总即得到"总分"这个字段。在职工信息表中，可按"入职日期"计算司龄，所以日期也属于数值型数据。是否可用算术方法进行运算，是区分数据类型的重要特征。

数值型数据属于一种特殊分类数据，即可以按数值型数据进行分类统计，如按每个年龄值进行分类统计，按每个收入值进行分类统计，不过类别值越多，其分类就越细，通常也就越难发现潜在规律。所以对数据值型数据进行分类统计，一般先将数值型数据进行分区间处理，再按区间段进行分类统计。

在Excel中，一般情况下，字符型数据在单元格中默认靠左对齐，数值型数据在单元格中默认靠右对齐。

3.1.3　数据表要求

Mr.林：小白，刚才介绍了字段与记录，还有数据的类型，我们现在就来看看由字段、记录和数据类型构成的数据表。数据分析所需要的数据表，也是有一定要求的。

一张数据表的制作，可以从侧面反映出制作者的数据沉淀及应用水平。如果数据表里的合并单元格较多，设计不合理，这基本属于为了满足一时之需而制作的数据表，并不符合数据分析的要求，没有为后续数据分析做长远考虑与规划。

所以千万别忽视基础数据表格的设计，数据表的设计是否合理，关系着后期数据分析的效率及深度。数据表设计具体要求如图3-4所示。

序号	数据表要求
1	数据表由标题行（字段）和数据部分（记录）组成
2	第一行是表的字段名，不能重复
3	第二行起是数据部分，数据部分的每一行数据称为一条记录，并且数据部分不允许出现空白行和空白列，要保持数据的完整性
4	一个单元格只记录一个属性数据，切勿复合记录，有一说一
5	数据表中不能有合并单元格存在
6	数据表需要以一维表的形式存储

图3-4　数据表的设计要求

小白仔细阅读完，问道：什么是一维表？

Mr.林想了想，快速地在Excel中做了两张表：你看我刚刚绘制的图3-5，是我国五省2006—2008年的国内生产总值（GDP）的一维表与二维表。这两张表有什么区别？

小白分析道：在左边的二维表中，北京2006年的GDP是7861亿元；右边的一维表中"地区"为北京，"年份"为2006，对应的GDP是7861亿元。哦，我知道了！一维表的列标签是字段，而且表中每个指标就对应一个取值。例如图3-5中的一维表的第一行，"地区"对应的是北京，"年份"对应的是2006，GDP对应的是7861亿元。而二维表的列标签是数据：2006年、2007年、2008年，将一维表中的所有年份真实值都放置在列标签里了。

二维表

地区	2006年	2007年	2008年
北京	7861	9353	10488
上海	10366	12189	13698
山东	22077	25966	31072
广东	26160	31084	35696
浙江	15743	18780	21487

一维表

地区	年份	GDP
北京	2006	7861
北京	2007	9353
北京	2008	10488
上海	2006	10366
上海	2007	12189
上海	2008	13698
山东	2006	22077
山东	2007	25966
山东	2008	31072
广东	2006	26160
广东	2007	31084
广东	2008	35696
浙江	2006	15743
浙江	2007	18780
浙江	2008	21487

图3-5　一维表与二维表

Mr.林：嗯，你说的差不多，基本上是这样。我来完善一下，这里的"维"指的是分析数据的角度，2006年、2007年、2008年，从数据的角度来说，应该都是"年份"的范畴，是描述各省GDP的一个因素，若要换成一维表，则应该使用同一个字段，将年份单独作为列标签。

所以，一维表的判断标准就是看其列的内容，每一列是否是一个独立的变量，如果是，即为一维表，否则为二维表或多维表。

小白：如果我拿到的数据是二维表的形式，如何将二维表转换成一维表呢？

Mr.林：不要急，这里先留一个悬念，在下次介绍数据处理的时候，再一起教你。

小白：好的。

3.2　数据来源

Mr.林：小白，刚才我已经介绍了数据特点及要求，下面就来介绍如何获取数据。获取数据的方式可以分为两种：导入外部数据和自己录入数据，我们先说说导入外部数据吧。

3.2.1　导入数据

外部数据主要有几种存在形式：Excel文件、CSV文件、TXT文本文件、数据库文件等，一般情况下，Excel、CSV文件可直接双击打开，数据库文件不建议导入到Excel文件，直接在数据库中进行处理操作即可，而TXT文本文件是较为常见的一种数据来源。

在员工满意度调查中我们有一份"问卷录入结果"的TXT数据文件，先将此文件打开，查看其数据结构特征，可以发现共有7个字段，每个字段之间使用逗号"，"作为分隔符，如图3-6所示。

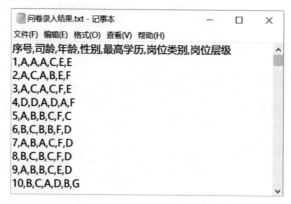

图3-6　"问卷录入结果"的TXT数据文件示例

以导入这份文本文件为例，现在就来看看如何将TXT文本文件中的数据导入Excel。

STEP 01 单击【数据】选项卡，在【获取外部数据】组中，单击【自文本】选项，如图3-7所示。

图3-7　【自文本】选项

Excel会自动弹出相对应的对话框。

STEP 02 在弹出的【导入文本文件】对话框中，浏览至需导入的数据文件所在的文件夹，单击选择"问卷录入结果.txt"文件，单击【打开】按钮。

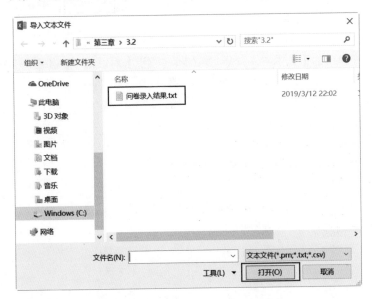

图3-8　【导入文本文件】对话框

STEP 03 在弹出的【文本导入向导-第1步，共3步】对话框中，如图3-9所示，这里有两个选项【分隔符号】和【固定宽度】。如果文本文件中的列标签以制表符、冒号、分号、空格或其他字符分隔，则选择【分隔符号】；如果你希望自己设定每列分隔的具体位置，则选择【固定宽度】。由于本例中文本数据是以逗号分隔的，所以这里选择【分隔符号】，勾选【数据包含标题】复选框，单击【下一步】按钮。

53

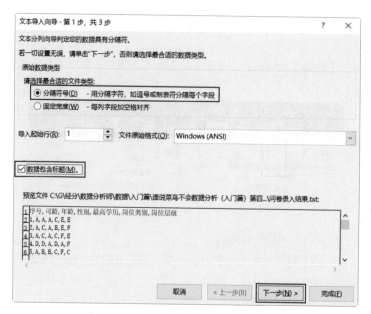

图3-9 【文本导入向导-第1步,共3步】对话框

STEP 04 在弹出的【文本导入向导-第2步,共3步】对话框中,如图3-10所示,有
Tab键、分号、逗号、空格等分隔符可供选择。如果分隔符是其他字符,则
选中【其他】复选框,然后在后面的文本框中输入相应的分隔符。本例勾选
【逗号】,单击【下一步】按钮。

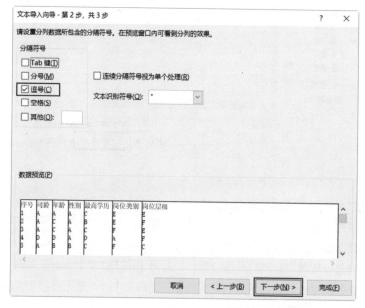

图3-10 【文本导入向导-第2步,共3步】对话框

STEP 05　在弹出的【文本导入向导–第3步，共3步】对话框中，如图3-11所示，如果不需要将某列导入Excel，可以选择此列，然后勾选【不导入此列（跳过）】，则该列就不会输出到Excel文件里。本例导入所有列，故默认选择【常规】，单击【完成】按钮。

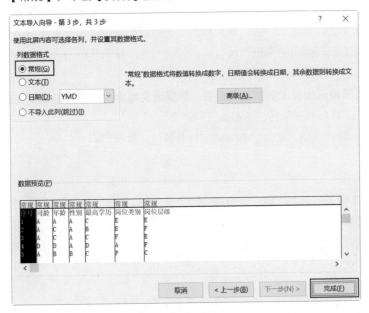

图3-11　【文本导入向导–第3步，共3步】对话框

STEP 06　在弹出的【导入数据】对话框中，确认选择数据的放置位置，本例采用默认【现有工作表】"A1"单元格，最后单击【确定】按钮，如图3-12所示。

文本文件中的数据导入到Excel中的结果，如图3-13所示。

图3-12　【导入数据】对话框

图3-13　文本数据导入结果

　　小白念叨道：嗯，文本数据导入的步骤我已经记下了，回去我就要动手实践，以免忘记了。

3.2.2 问卷录入要求

Mr.林：介绍完导入外部数据，我们再来看手工录入，就以问卷录入为例吧。

做数据分析时，除了我刚刚讲的对一般的数据表有特定要求外，我们经常接触到的调查问卷数据，其录入格式也是有讲究的。例如，公司最近搞的员工满意度调查，经过问卷的发放、填写、回收、核实和清理之后，需要把收集回来的选项进行编码、录入。而对于不同类型的问题，也有不同的录入格式要求。小白，我问你问卷题目大致可以分为哪几类呢？

小白机灵地翻出员工满意度调查表，照猫画虎地念道：常用的类型主要有数值、单选、多选、排序和开放性文字题这五种类型。

Mr.林：嗯！没错。那么，你知道怎样分辨这几种类型吗？每种类型采取怎样的录入格式呢？

小白：……

Mr.林停顿了一会儿，继续说道：先别急着回答，下面我就以员工满意度调查为例慢慢给你讲解。

现在我在公司员工满意度问卷中抽取出一份问卷，问卷中题目很多，每种题型的题目就分别挑选一道作为示例讲解吧，如图3-14所示。

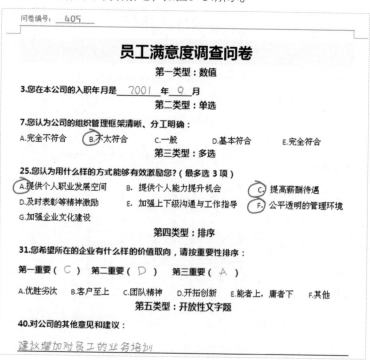

图3-14 公司员工满意度问卷示例

◉ 数值题

在示例问卷中，第3题就是数值题，数值题一般要求被调查者填入相应的数值，或者打分。录入人员只需输入被调查者实际填入的数值即可。

◉ 单选题

单选题的特征就是答案只能有一个选项，所以编码时只需定义一个变量，即给该题留一列进行数据的录入。录入时可采用1、2、3、4分别代表A、B、C、D四个选项，如选C则录入3。对于示例问卷中的第7题，只需在对该份问卷的记录中对应第7题所在的列位置录入2即可。

◉ 多选题

多选题的特征是答案可以有多个选项，其中又分为项数不定多选和项数限定多选。项数不定多选就是对所选择选项的数目不进行限定，项数限定多选有"最多选**项"的要求，如示例问卷中的第25题就对项数有限制。

多选题的录入有两种方式：二分法和多重分类法。

★ 二分法：把每一个相应选项定义为一个变量，每一个变量值均进行如下定义，"0"代表未选，"1"代表已选，即对被调查者选中的选项录入1，对未选的选项录入0。比如，示例问卷中被调查者选ACF，则在A、B、C、D、E、F、G的选项下分别录入1、0、1、0、0、1、0。

★ 多重分类法：事先定义录入的数值，比如1、2、3、4、5、6、7分别代表选项A、B、C、D、E、F、G，并且根据限选的项数确定应录入的变量个数。例如，示例问卷第25题限选3项，那么需要设立3个变量，被调查者在该题选ACF，则3个变量的值分别为1、3、6。

◉ 排序题

排序题需要对选项重要性进行排序，比如示例问卷第31题，总共有6个选项，需要按重要程度排出前3名来。排序题的录入与多重分类法类似，先定义录入的数值，1、2、3、4、5、6分别代表选项A、B、C、D、E、F，然后按照被调查者填写的顺序录入选项，因此对于第31题，我们按顺序录入3、4、1。

◉ 开放性文字题

开放性文字题一般都放在问卷的末尾，需要被调查者自己填写一些文字表述观点或建议，如示例问卷的第40题。对于开放性文字题，如果可能的话可以按照含义相似的答案进行归类编码，转换成为多选题进行分析。如果答案内容较为丰富，不容易归类，就应对这类问题直接做定性分析。

小白打断道： 等等！您就这么走马观花地说了一遍，我记不住！

Mr.林：呵呵，对照这几道题的录入结果，你就清楚了！如图3-15所示。

二分法

编号	第3题		第7题	第25题							第31题			第40题
	年	月		A	B	C	D	E	F	G	第一重要	第二重要	第三重要	
405	2001	9	2	1	0	1	0	0	1	0	3	4	1	建议增加对员工的业务培训

多重分类法

编号	第3题		第7题	第25题			第31题			第40题
	年	月		选项一	选项二	选项三	第一重要	第二重要	第三重要	
405	2001	9	2	1	3	6	3	4	1	建议增加对员工的业务培训

图3-15　问卷录入结果

小白仔仔细细地对比了图3-14和图3-15，然后说道： 哦，我明白了！

3.3　本章小结

Mr.林缓了缓，接着说： 巧妇难为无米之炊——数据准备的内容就给你介绍完了。小白，现在我们来回顾一下，今天主要讲了两方面的内容。

★ 认识了数据的特点与要求，它是以字段和记录的形式存储在数据表中的，数据类型主要有字符型和数值型两大类。了解了数据表的六点要求。

★ 熟悉了几种数据来源，学习了数据导入方法与调查问卷常见的五种题型及录入格式。

小白以迅雷不及掩耳之势接过话： 您介绍的方法我都在本子里记下了！

Mr.林：嗯，不错！不过，提醒一下，"巧妇难为无米之炊"的下半句是"懒妇不为有米之炊"。做数据分析是一个辛苦活儿，收集一组组数据，统计一个个指标，建立一层层关系，重复一次次检查……都需要我们亲力亲为，严格把关，容不得半点疏忽，这也是之前提到的严谨负责的态度。

所以，做数据分析首先得克服惰性，这一点你需要认真贯彻到实践中去，刚刚所讲的内容都得多操练几遍才能熟练掌握。后面我会详细讲述数据处理的过程，不过……

Mr.林学着一休哥的语气： 在这之前，我们先"休息，休息一会儿"。

第**4**章
简单快捷，数据处理

1%的错误＝100%的失败……

```
发件人：牛董
收件人：小白
抄　送：人力资源部
主　题：请协助开展员工满意度项目分析

Dear 小白：
       2010 年年度员工满意度的问卷调查已经结束，请联系人力资源
部提取问卷录入结果，协助人力资源部开展员工满意度数据分析，
务必在一周内给我数据分析结果。
       如有问题，与我联系。
                                                      牛董
                                                 2011.1.11
```

　　这天刚上班，小白就收到牛董的这封E-mail，没想到任务来得这么快，于是愁眉不展地呆坐了很久。昨天才刚跟Mr.林学了点基础知识，现在任务就来了。数据拿到后该怎么办？要怎么处理？要提炼出哪些信息？牛董想看到哪方面的结果？小白觉得一筹莫展，无从下手。没办法，"兵来将挡，水来土掩"，只能再次向Mr.林请教。

4.1　数据处理简介

　　小白向Mr.林介绍完情况后，Mr.林不慌不忙地说道：正好！昨天已经介绍了数据准备，今天准备教你数据处理。听完我今天这堂课，对付牛董的任务就是小菜一碟！

　　我首先问你，数据准备的工作做得怎么样啦？

　　小白：我打电话给人力资源部的同事，他们已经将录入结果发给我了，不过是文本形式的，我再用您教我的文本导入的方式转换成我们需要的Excel格式，这就给您看看数据。

　　小白打开转换好的Excel文件。

　　哇，怎么是这样子的呢？这Excel表格里的结果像一群叽叽喳喳的麻雀一样，折腾得小白心里不得安宁，如图4-1所示。

	A	B	C	D	E	F	G	H	I	J	K	L	M
873	175	175#ID136#A_B_B_	10302	718-408-4184	4273	##########		D		D	D		D
874	176	176#ID42#B_C_B_E	10314	212-775-3412	4274	##########	E	E	E	E	D		D
875	177	177#ID135#A_B_A	11361	212-340-5502	4275	01/14/08 08:01		■■■	E	E	D	E	E
876	178	178#ID177#A_B_A	10169	646-354-5674	4276	01/14/08 09:09		A	E	D	D		■■■
877	179	179#ID186#A_B_B_	11413	917-363-2471	4277	01/14/08 11:41	E	■■■	E	D	E	E	
878	180	180#ID63#B_C_A_[	11207	347-625-6847	4278	01/14/08 15:10	C	A	C	A	C	B	
879	181	181#ID10#A_C_A_[	11366	917-613-6421	4279	01/15/08 08:44	D	D	D	■■■	D		
880	182	182#ID90#A_B_A_[	11220	347-346-9229	4280	01/15/08 13:10	E	C	D	D	D	E	
881	183	183#ID131#C_C_A	10122	917-785-7273	4281	01/15/08 14:04	■■■	E	E	E	D		
882	184	184#ID142#A_B_A	10112	718-245-5292	4282	01/15/08 16:33	D	D	D	D	E		
883	185	185#ID94#B_C_A_[	10013	646-391-9926	4283	01/16/08 09:51	E	E	E	E	C		
884	186	186#ID158#D_D_A	11209	917-647-6620	4284	01/16/08 13:54	E	E	E	■■■	E	E	
885	187	187#ID83#C_C_A_[	11418	917-350-9472	4285	01/16/08 14:48	C	D	D	E	C		
886	188	188#ID189#D_D_A	10028	718-377-3801	4286	01/17/08 09:26	C	D	D	B	D		
887	189	189#ID84#C_C_A_[	10451	917-612-4762	4287	01/17/08 10:30	C	D	D	D	D		
888	190	190#ID43#A_B_A_[	10158	646-519-3002	4288	01/17/08 13:20	E	A	E	A	D	E	

　　　　　　　　　　　　　　图4-1　员工满意度调查–初始数据表

Mr.林：你认为它应该是什么样的？规规矩矩的一出来就是你想要的样子？告诉你吧，我们工作中遇到的常常是这种杂乱无章、残缺不全的数据。这时候你得有清洁工的精神，一点一点地将它弄得井井有条、干干净净。运用我教你的数据处理方法，你想让它变成什么样，它就能变成什么样！

首先，什么是数据处理？

数据处理是根据数据分析的目的，将收集到的数据进行加工、整理，使数据保持准确性、一致性和有效性，以形成适合数据分析要求的样式，也就是经常提到的一维表。数据处理是数据分析前必不可少的工作，并且在整个数据分析工作量中占据了大部分比例。

常用的数据处理方法，主要包括数据清洗、数据合并、数据抽取、数据计算、数据转换几大类方法，如图4-2所示。每一个大类方法下又包含了几个方法，如数据清洗包含重复数据处理、缺失数据处理、空格数据处理等方法。

图4-2　数据处理常用方法

数据处理的目的就是抽取、推导出有价值、有意义的数据，将原始数据转化为可以进行数据分析的形式，使数据保持准确性、一致性、有效性。

4.2　数据清洗

Mr.林：数据清洗，就是将多余重复的数据筛选清除，将缺失的数据补充完整，将错误的数据纠正或删除，目的是为后面的数据处理、分析工作提供简明、完整、正确的数据。最后的数据状态应该是"多一分则肥，少一分则瘦"。

工作中最常用的数据清洗方法主要有重复数据处理、缺失数据处理、空格数据处理。

4.2.1　重复数据处理

给你讲一个真实案例，这也是我的朋友一次参加应届毕业生招聘面试时的经历。

他发现大部分应届毕业生都说自己精通Excel、Word、PowerPoint。那到底是不是真的精通呢？于是，他问了一道简单的Excel问题"用几种不同的方法可以找出一张表中的重复数据"，并让所有应聘者都作答。有一个小子憋得实在不行，挤出了一个字"数"！

小白满脸通红：其实我也不知道……

Mr.林笑笑说：哈哈，没关系，重复数据的相关处理在工作中使用频率非常高，方法学起来一点都不难。不信，跟着我来玩玩。

下面是我截取的一列"员工编号"数据，如图4-3所示，教你几个处理重复数据的方法。

图4-3　处理重复数据

◉ 函数法

Mr.林：首先，介绍一个用函数识别重复数据的方法，这里要用到COUNTIF函数（见图4-4）。

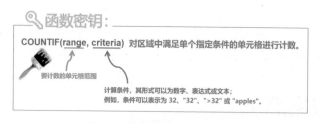

图4-4　函数密钥—COUNTIF

利用COUNTIF函数识别重复数据的具体操作如下。

STEP 01　选中B2单元格，然后输入函数公式：=COUNTIF(A:A,A2)。

STEP 02　选中C2单元格，然后输入函数公式：=COUNTIF(A$2:A2,A2)。

STEP 03　将B2、C2单元格中的公式复制粘贴至B3:C11单元格，效果如图4-5所示。

Mr.林：B列中的结果代表的是每一个员工编号出现的次数，所有大于1所对应的员工编号即为重复的编号。

　没等Mr.林说完，小白忙插上一句：为什么还要加上C列？这有什么不同吗？

	A	B	C	D	E
1	编号	重复标记	第二次重复标记	重复项公式	第二次重复项公式
2	A667708	1	1	=COUNTIF(A:A,A2)	=COUNTIF(A$2:A2,A2)
3	A310882	1	1	=COUNTIF(A:A,A3)	=COUNTIF(A$2:A3,A3)
4	A356517	1	1	=COUNTIF(A:A,A4)	=COUNTIF(A$2:A4,A4)
5	A520304	1	1	=COUNTIF(A:A,A5)	=COUNTIF(A$2:A5,A5)
6	A776477	2	1	=COUNTIF(A:A,A6)	=COUNTIF(A$2:A6,A6)
7	A466074	3	1	=COUNTIF(A:A,A7)	=COUNTIF(A$2:A7,A7)
8	A466074	3	2	=COUNTIF(A:A,A8)	=COUNTIF(A$2:A8,A8)
9	A466074	3	3	=COUNTIF(A:A,A9)	=COUNTIF(A$2:A9,A9)
10	A776477	2	2	=COUNTIF(A:A,A10)	=COUNTIF(A$2:A10,A10)
11	A218912	1	1	=COUNTIF(A:A,A11)	=COUNTIF(A$2:A11,A11)

图4-5 COUNTIF函数识别重复值

Mr.林解释道：C列查找的是出现第二次及以上的重复项，以C9对应的"A466074"为例，结果"3"代表了从A1至A9，A466074是第三次重复出现。因此，筛选出C列中等于1的数即可得到数据去重后的结果，如果对B列进行筛选，则无法完整找出去重后的结果。

小白恍然大悟：哦，原来如此。

◉ 高级筛选法

Mr.林：提到了筛选，那我就告诉你另一个找出重复数据的方法。其实在Excel里，可以直接利用筛选功能筛选出非重复值。具体操作如下。

STEP 01 选择数据单元格区域A1:A11。

STEP 02 在【数据】选项卡的【排序和筛选】组中，单击【高级】按钮，弹出【高级筛选】对话框。

STEP 03 选择【将筛选结果复制到其他位置】选项，在【复制到】框中输入单元格区域B1，再勾选【选择不重复的记录】复选框，单击【确定】按钮，筛选效果和步骤如图4-6所示。

◉ 条件格式法

Mr.林继续讲解道：使用条件格式中的突出显示重复值的功能，将重

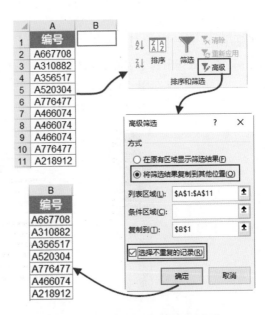

图4-6 利用筛选功能处理重复值

复数据显示出来：单击【开始】选项卡→【条件格式】→【突出显示单元格规则】→
【重复值】，就可以把重复的数据及所在单元格标为不同的颜色，如图4-7所示。

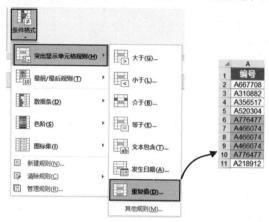

图4-7　用条件格式标记重复值

◉ 数据透视表法

Mr.林：数据透视表一样能计算数据重复的频次，而且比COUNTIF函数更简单易
用，只要简单拖动相应字段即可。

用数据透视表统计各数据出现的频次，出现2次及以上就说明该数据属于重复项；
如果统计结果为1，则说明该数据没有重复出现。现在我们仍以员工编号为例，查找重
复数据的具体操作步骤如下。

STEP 01　单击【插入】选项卡，在【表格】组中单击【数据透视表】按钮。

STEP 02　在弹出的【创建数据透视表】对话框的【选择一个表或区域】中选择数据源
单元格范围"A1:A11"。在【选择放置数据透视表的位置】中选择【现有工
作表】，并指定位置为"B1"，如图4-8所示。

　　　　　图4-8　重复数据查找操作

STEP 03 将【编号】字段拖至行标签，也就是按编号进行分组、分类，各组保留唯一的编号，相当于得到去重后的编号，再将【编号】字段拖至数值汇总区域，如图4-9所示。

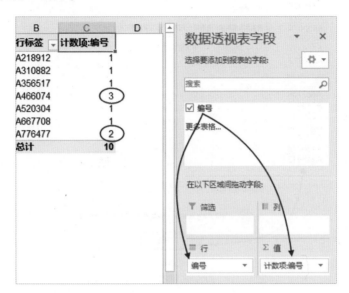

图4-9　重复数据查找结果

通过数据透视表的分析，可以得知员工编号A466074重复出现3次，A776477重复出现2次。

Mr.林：小白，你看这不就找出重复数据了。

小白：没错，真好用！用数据透视表处理的方法既可以得到去重后的数据，还可以得到哪些数据重复、哪些数据不重复，并且还能得到重复的次数，简单、方便、快捷！

◎ 重复数据删除

Mr.林喝了口水，继续说道：小白，总结得不错。最后，介绍非常实用的删除重复值的方法，就是直接使用菜单栏里【删除重复值】功能。

STEP 01 选择A1:A11的数据区域。

STEP 02 单击【数据】选项卡，在【数据工具】组中单击【删除重复值】。

STEP 03 在【列】框中，选择要删除重复值的列，单击【确定】按钮。

STEP 04 Excel 将显示一条消息，指出有多少重复值被删除，有多少唯一值被保留。单击【确定】按钮，完成操作，如图4-10所示。

小白激动地说：哇！这个真好用呀！

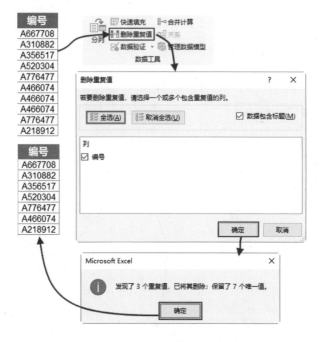

图4-10 通过菜单操作删除重复项

4.2.2 缺失数据处理

Mr.林：除了重复数据外，还会经常碰到有缺失值的情况。如果缺失值过多，说明数据收集过程中存在着严重的问题。一般情况下，可以接受的标准是缺失值在10%以下。

小白：什么是缺失值呢？什么情况下会造成有缺失值？

Mr.林：缺失值是指数据中某个或某些属性的值存在缺失或不完整，这在数据分析中非常常见。

缺失值产生的原因多种多样，主要分为机械原因和人为原因。

★ **机械原因：** 由于数据收集或保存失败造成的数据缺失，比如数据存储的失败、存储器损坏、机械故障导致某段时间的数据未能收集。

★ **人为原因：** 由于人的主观失误、历史局限或有意隐瞒造成的数据缺失，比如，在市场调查中被访者拒绝透露有些问题的答案，或者是数据录入人员失误漏录了数据。

我们一般使用以下四种方法处理缺失值。

方法一： 用一个样本统计量的值代替缺失值。最典型的做法就是使用该变量的样本平均值代替缺失值。

方法二： 用一个统计模型计算出来的值去代替缺失值。常用的模型如回归模型，不过这需要使用专业数据分析软件才能处理。

方法三：将包含缺失值的记录删除，不过可能会导致样本量的减少，需慎用。

方法四：将包含缺失值的记录保留，仅在相应的分析中做必要的排除。在调查的样本量比较大，缺失值的数量又不是很多，而且变量之间也不存在高度相关的情况下，采用这种方式处理缺失值比较可行。

◉ 批量填充

现在我们来看一个案例，如图4-11所示。A列中的手机品牌存在合并单元格，这是不规范的数据表，无法在此数据表的基础上进行数据分析。那么，如何将它转换为规范的数据表呢？

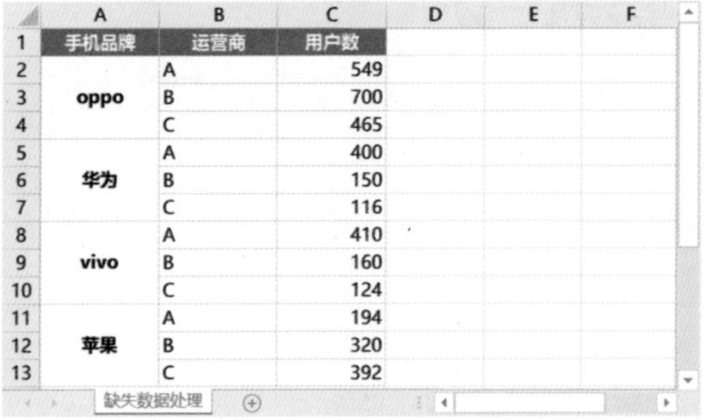

图4-11 缺失值数据示例

首先要做的就是将合并单元格区域取消。

STEP 01 选择A2:A13单元格数据区域，在【开始】选项卡的【对齐方式】组中，单击【合并后居中】按钮，即可取消单元格合并。

取消单元格合并后的效果如图4-12所示，这时，每组的手机品牌只在该组第一个单元格显示，而每组下方的单元格均为空，即为缺失值。我们需要将每组下方的单元格填充为各组对应的第一个单元格中的值，这时需要使用定位条件功能进行批量定位选择。

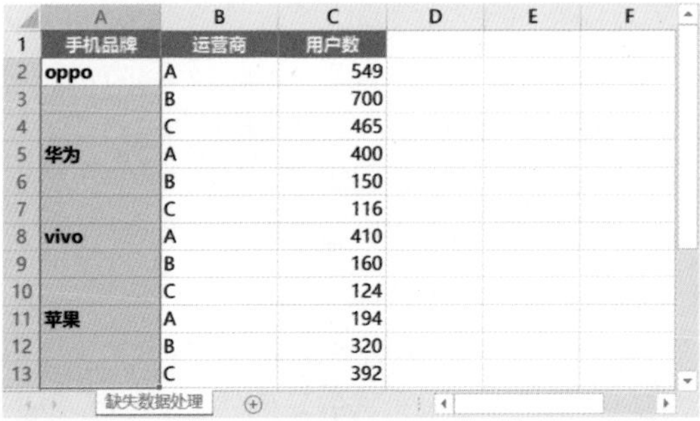

图4-12 取消单元格合并

67

STEP 02 在保持A2:A13单元格数据区域选中状态下，在【开始】选项卡的【编辑】组中，单击【查找和选择】，从下拉菜单中单击【定位条件】，打开【定位条件】对话框。或者直接使用F5键或"Ctrl+G"快捷键，弹出【定位】对话框，如图4-13所示，再选择【定位条件】→【空值】→【确定】。

图4-13 【定位条件】对话框

小白：吼吼！所有的空值都被一次性选中了，如图4-14所示，果然是一步到位！可是查找到所有缺失值后，需要怎么处理呢？

	A	B	C	D	E	F
1	手机品牌	运营商	用户数			
2	oppo	A	549			
3		B	700			
4		C	465			
5	华为	A	400			
6		B	150			
7		C	116			
8	vivo	A	410			
9		B	160			
10		C	124			
11	苹果	A	194			
12		B	320			
13		C	392			

缺失数据处理

图4-14 一次性选中所有空值

STEP 03 依然保持A2:A13单元格数据区域中所有空值的选中状态，按键盘上的"="键，再按一下"↑"键，然后再按"Ctrl+Enter"快捷键。

小白：哇！这么神奇！所有的空值都填充为所在组对应的第一个单元格中的值了，如图4-15所示。

Mr.林：是的，数据量越大，这个功能的优势就越明显。另外，小白，你注意到了吗，之前有空值的这些单元格中是带有公式的，例如，A3单元格中的公式为"=A2"，就是我们刚才第3步的操作。这个操作属于一次性操作，可以将公式批量去除。

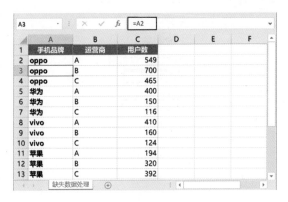

图4-15　填充空值单元格

STEP 04 接下来，批量去除公式。选择A列数据区域或选择A2:A13单元格数据区域，单击【复制】按钮，然后在【开始】选项卡上的【剪贴板】组中，单击【粘贴】按钮，从下拉菜单中的【粘贴数值】栏中选择【值】项，如图4-16所示。

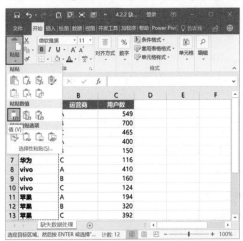

图4-16　粘贴菜单

　　Mr.林：这些单元格中的公式就批量去除了。小白，你记住一点，只要带有公式的操作都属于一次性操作，即后续的操作都不影响数据结果，就可以通过【复制】→【粘贴】→【值】的方式将公式批量去除，这样操作的目的是为了提升Excel的运行速度与效率。

　　小白：嗯！我记下了。

　　◉ 查找替换

　　Mr.林：当缺失值以错误标识符形式出现的时候，可以采用第二种方法——查找替换，查找出所有出现同一错误标识符的单元格，在【开始】选项卡的【编辑】组中，单击【查找和选择】，在下拉菜单中有各种选项，如图4-17所示。

图4-17　查找替换

同样可以利用快捷键，查找功能的快捷键为"Ctrl+F"，替换功能的快捷键为"Ctrl+H"。在【查找和替换】对话框中选择【替换】选项卡，在【查找内容】框中输入要查找的文本或数字，在【替换为】框中输入要替换为的文本或数字，单击【替换】或【全部替换】按钮即可。

例如，要查找错误标识符"#DIV/0!"并将其全部替换成"0"，操作如下：

STEP 01　选中所有数据区域，可以使用"Ctrl+A"快捷键。

STEP 02　按下"Ctrl+H"快捷键，弹出【查找和替换】对话框。

STEP 03　在【查找内容】框中输入"#DIV/0!"，在【替换为】框中输入"0"，如图4-18所示。再单击【全部替换】按钮，则所有的"#DIV/0!"都替换为"0"了。

图4-18　【查找和替换】对话框

4.2.3　空格数据处理

Mr.林：处理完了重复多余的数据和缺失不完整的数据，我们现在来看如何处理空格数据。

　由于系统或人为原因，在日常工作中经常出现空格数据，而这些空格在通常情况下不容易被发现，这样就给我们的分析工作带来诸多不便。

处理空格数据常用的方法有两种，一种是使用查找替换的方法，另外一种就是使用TRIM函数将空格批量去除。

查找替换的方法刚才已经介绍过了，就是在【查找内容】框中输入空格" "，而在【替换为】框中无须输入任何字符，再单击【全部替换】按钮，则所有空格将都被去除。查找替换方法的特点就是只要是空格，一律去除，方便快捷。

而有时候我们并不希望去掉所有空格，例如英文名"Tom King"，中间需要以空格分隔，这个空格是必须存在的。如果使用查找替换方法，就会将有用的空格也一起去除，那么如何只去除前后空格，保留中间的空格呢？这时可以使用TRIM函数进行处理，TRIM函数的用法如图4-19所示。

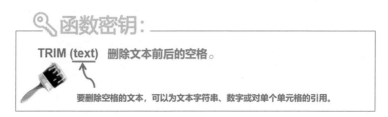

图4-19　函数密钥—TRIM函数

TRIM函数只会删除字符串（不限中英文）中前后的空格，字符串中间的空格不会被删除。

使用TRIM函数去除空格数据的具体操作如下。

STEP 01 选中B2单元格，然后输入函数公式：=TRIM(A2)。

STEP 02 将公式复制粘贴至B3:B5单元格，去除空格的操作与效果如图4-20所示。

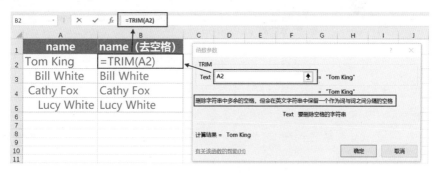

图4-20　空格数据处理示例

可以看到，姓名前后的空格已被删除，而姓名中的空格依然保留。另外，TRIM属于文本类别函数，经过文本类别函数处理后的结果均为字符型数据。

小白：原来去除空格还有这些门道呢。

4.3　数据合并

Mr.林：通常数据表中现有的数据字段难以满足我们所有的数据分析需求，我们可以对现有的字段进行数据合并、数据抽取、数据计算或者数据转换等处理，形成数据分析所需要的新字段。

我们先来学习数据合并处理方法。数据合并是指综合数据表中某几个字段的信息或不同记录数据，将它们组合成一个新字段、新记录数据，常用的操作有字段合并、字段匹配。

4.3.1　字段合并

字段合并，是指将同一个数据表中的某几个字段合并为一个新字段。例如，A列是"××年"，B列是"××月"，C列是"××日"，我们可以将这三列中的数据合并成D列"××年××月××日"。

字段合并主要有两种方式，利用CONCAT函数（在Excel 2013版本及其以下版本中使用的是CONCATENATE）和连接符&（逻辑与）运算符。

◉ CONCAT函数

CONCAT函数是一个非常实用的字段合并处理函数，CONCAT函数的用法如图4-21所示，经过CONCAT函数连接得到的结果是字符型数据。

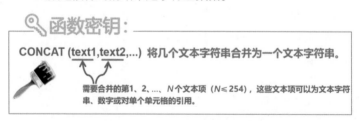

🔍 **函数密钥：**

CONCAT (text1,text2,...) 将几个文本字符串合并为一个文本字符串。

需要合并的第1、2、...、*N*个文本项（*N*≤254），这些文本项可以为文本字符串、数字或对单个单元格的引用。

图4-21　函数密钥—CONCAT函数

使用CONCAT函数合并年、月、日三个字段的具体操作如下。

STEP 01 选中D2单元格，然后输入函数公式：=CONCAT(A2,"-",B2,"-",C2)。

STEP 02 将公式复制粘贴至D3:D24单元格，使用CONCAT函数合并日期的操作与效果如图4-22所示。

◉ 连接符&

连接符&可以用于直接合并多个单元格中的内容，例如，A2&B2，如果需要连接指定的文本内容，需要使用英文半角双引号引用，例如，A2&"-"&B2。同样，不管连接的数据为数值型数据还是字符型数据，连接得到的结果都是字符型数据。

D2			fx	=CONCAT(A2,"-",B2,"-",C2)		
	A	B	C	D	E	F
1	**年**	**月**	**日**	**日期**		
2	2304	11	23	2304-11-23		
3	2403	03	10	2403-03-10		
4	2513	12	27	2513-12-27		
5	2990	06	02	2990-06-02		
6	2990	10	05	2990-10-05		
7	2989	06	10	2989-06-10		
8	2310	10	20	2310-10-20		
9	2976	03	28	2976-03-28		
10	2986	03	25	2986-03-25		

图4-22 CONCAT函数合并字段结果示例

使用连接符&合并年、月、日三个字段的具体操作如下。

STEP 01 选中D2单元格，然后输入函数公式：= A2&"-"&B2&"-"&C2。

STEP 02 将公式复制粘贴至D3:D24单元格，使用连接符&合并日期的操作与效果如图4-23所示。

D2			fx	=A2&"-"&B2&"-"&C2		
	A	B	C	D	E	F
1	**年**	**月**	**日**	**日期**		
2	2304	11	23	2304-11-23		
3	2403	03	10	2403-03-10		
4	2513	12	27	2513-12-27		
5	2990	06	02	2990-06-02		
6	2990	10	05	2990-10-05		
7	2989	06	10	2989-06-10		
8	2310	10	20	2310-10-20		
9	2976	03	28	2976-03-28		
10	2986	03	25	2986-03-25		

图4-23 连接符&合并字段结果示例

小白似乎想到了什么：我有一个问题，CONCAT函数和连接符&合并得到的日期都是字符型数据，那就不能进行日期的相应计算了吧？

Mr.林：说的没错，CONCAT函数和连接符&这两个结果看上去是日期，其实并非Excel所能识别的日期类型。那么如何得到Excel可识别的日期类型呢？答案就是使用DATE函数，DATE函数的用法如图4-24所示。

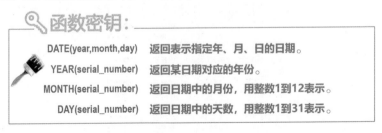

🔑 **函数密钥**：

	DATE(year,month,day)	返回表示指定年、月、日的日期。
	YEAR(serial_number)	返回某日期对应的年份。
	MONTH(serial_number)	返回日期中的月份，用整数1到12表示。
	DAY(serial_number)	返回日期中的天数，用整数1到31表示。

图4-24 函数密钥—常用的日期函数

使用DATE函数合并年、月、日三个字段的具体操作如下。

STEP 01 选中E2单元格，然后输入函数公式：=DATE(A2,B2,C2)。

STEP 02 将公式复制粘贴至E3:E24单元格，使用DATE函数合并日期的操作与效果如图4-25所示。

	A	B	C	D	E	F
E2			fx	=DATE(A2,B2,C2)		
1	年	月	日	日期（&）	日期（DATE）	
2	2304	11	23	2304-11-23	2304/11/23	
3	2403	03	10	2403-03-10	2403/3/10	
4	2513	12	27	2513-12-27	2513/12/27	
5	2990	06	02	2990-06-02	2990/6/2	
6	2990	10	05	2990-10-05	2990/10/5	
7	2989	06	10	2989-06-10	2989/6/10	
8	2310	10	20	2310-10-20	2310/10/20	
9	2976	03	28	2976-03-28	2976/3/28	
10	2986	03	25	2986-03-25	2986/3/25	

图4-25　DATE函数合并日期结果示例

小白：我发现了，连接符&合并得到的日期是字符型数据，它在单元格中左对齐排列，而使用DATE函数合并得到的日期是数值型数据，它在单元格中右对齐排列。

Mr.林：说的一点都没错，很棒！

字段合并还有一个特殊的应用，就是将多个字段合并为一个字段的过程，相当于将多维合并为一维、将多条件合并为单条件的过程。

小白，这个知识点在后续的介绍中，你将会有进一步的理解与体会。

小白：好的。

4.3.2　字段匹配

Mr.林：字段匹配，是将原始数据表中没有的，但其他数据表（维表）中有的字段，通过共同的关键字段进行一一对应匹配至原始数据表中，从而达到获取新字段的目的。它的前提是，需要匹配合并的两张表必须具有共同的关键字段，并且数据类型还需要一致。

举一个例子，我们公司销售部门的员工职位经常发生变动，如图4-26所示是最新的员工职位表，我想将其职务信息对应到图4-27所示的员工个人信息表（销售部）中。

	A	B	C	D
1	姓名	工号	部门	职务
2	黄雅玲	A776477	销售部	销售代表
3	王伟	A667708	销售部	销售代表
4	谢师秋	A520304	销售部	销售代表
5	王俊元	A310882	销售部	销售总监
6	孙林	A466074	销售部	销售代表
7	王炫皓	A356517	销售部	销售代表
8	张三丰	A277381	市场部	市场总监
9	李四光	A254382	市场部	市场助理
10	王麻子	A213541	市场部	市场助理
11	赵六儿	A309752	市场部	市场助理

图4-26　员工职位表

	A	B	C	D	E	F
1	姓名	工号	出生年月	性别	工龄	职务
2	黄雅玲	A776477	12/8/1968	女	37	
3	王俊元	A310882	2/19/1952	男	45	
4	谢丽秋	A520304	8/30/1963	女	28	
5	王炫皓	A356517	9/19/1958	男	33	
6	孙林	A466074	3/4/1955	男	29	
7	王伟	A667708	7/2/1963	男	8	

图4-27　员工个人信息表（销售部）

小白：两个不同的表格，怎么将表中的信息对应过来呢？一个个复制过来的话，效率太低，而且容易出错。

Mr.林：没错，这个时候需要使用VLOOKUP函数的精确匹配功能。VLOOKUP函数在查找匹配中应用非常广泛，它的作用是根据查找值，在数据表的首列搜索指定的查找值，并返回指定的查找值所在行中的指定列处的值，VLOOKUP函数的用法如图4-28所示。

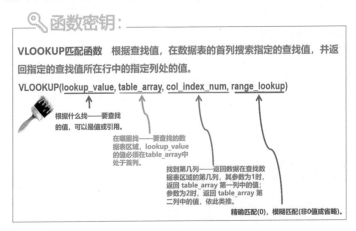

图4-28　函数密钥—VLOOKUP函数

注意，table_array第一列的值必须包含要查找的值（lookup_value），否则就会出现错误标识符"#N/A"，其实这个错误标识符也是很有用的，它告诉我们table_array第一列并不存在所要查找的值。

另外，还有两种情况会出现错误标识符"#N/A"：

① 数据存在空格，此时可以使用替换功能或使用Trim函数批量将空格去除。

② 共同的关键字段数据类型不一致，此时将类型转为一致即可。

使用VLOOKUP函数进行字段匹配的具体操作如下。

STEP 01 打开"员工职位表"和"员工个人信息表（销售部）"两张Excel表格。

STEP 02 在"员工个人信息表（销售部）"表格的F2单元格中输入公式：=VLOOKUP(B2，[员工职位表.xlsx]Sheet1!$B$1:$D$11,3,0)。

注意，输入VLOOKUP函数的第二个参数时，不需要手动录入，直接用鼠标选中"员工职位表"中B1:D11的区域，并按下F4键固定查找区域，参数将自动调整成"[员工职位表.xlsx]Sheet1!$B$1:$D$11"。

STEP 03 将公式复制粘贴至F3:F7单元格，即完成字段匹配操作。为了更方便地查看公式，我们隐藏C、D、E列，得到的效果如图4-29所示。

	A	B	F	G
1	姓名	工号	职务	公式
2	黄雅玲	A776477	销售代表	=VLOOKUP(B2,[员工职位表.xlsx]Sheet1!$B$1:$D$11,3,0)
3	王俊元	A310882	销售总监	=VLOOKUP(B3,[员工职位表.xlsx]Sheet1!$B$1:$D$11,3,0)
4	谢丽秋	A520304	销售代表	=VLOOKUP(B4,[员工职位表.xlsx]Sheet1!$B$1:$D$11,3,0)
5	王炫皓	A356517	销售代表	=VLOOKUP(B5,[员工职位表.xlsx]Sheet1!$B$1:$D$11,3,0)
6	孙林	A466074	销售代表	=VLOOKUP(B6,[员工职位表.xlsx]Sheet1!$B$1:$D$11,3,0)
7	王伟	A667708	销售代表	=VLOOKUP(B7,[员工职位表.xlsx]Sheet1!$B$1:$D$11,3,0)

图4-29　员工个人信息表（销售部）—职务匹配结果示例

小白：哇！比自己一个个去查找方便多了。

4.4　数据抽取

Mr.林：接下来我们学习数据抽取处理方式，数据抽取也称为数据拆分，它是指保留、抽取原始数据表中某些字段、记录的部分信息，形成一个新字段、新记录，主要的方法有字段拆分和随机抽样。

4.4.1　字段拆分

Mr.林：字段拆分，是指抽取保留原始数据表中某些字段的部分信息，形成一个新字段。

例如某公司会员表里记录了会员的身份证号码，身份证号码中包含很多信息：籍贯省份、籍贯城市、出生日期、性别等，如图4-30所示。将这些信息从身份证号码这个字段中抽取出来，就可以得到相应的新字段，也就可以做相应的分析，如会员籍贯省份分布、会员出生日期分布、会员性别构成等，甚至还可以根据出生日期做进一步的计算处理，以得到年龄、星座、生肖等新字段。

1	2	3	4	5	6	7	8	9	10	11	12	13	14	15	16	17	18
1	1	0	1	0	1	2	0	9	9	1	1	1	1	0	1	9	3
省份		城市		区县		出生年份				月份		日		派出所代码		性别	校检码

图4-30　身份证号码编码示例

字段拆分可以采用菜单法与函数法两种方法进行操作。

⊙ 菜单法

我们以图4-31所示的用户身份证号码表为例，介绍如何通过菜单操作将前6位地区编码、中间8位出生年月日、第17位性别编码抽取出来。

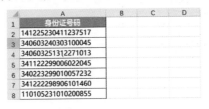

图4-31　用户身份证号码示例

STEP 01 选择A列数据区域，在【数据】选项卡的【数据工具】组中，单击【分列】按钮，如图4-32所示。

图4-32　【分列】功能

STEP 02 在弹出的【文本分列向导-第1步，共3步】对话框中，选择【固定宽度】项，如图4-33所示，单击【下一步】按钮。

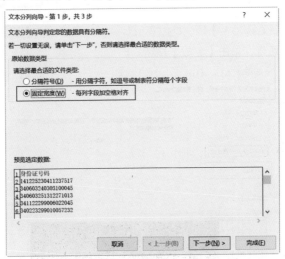

图4-33　【文本分列向导-第1步，共3步】对话框

STEP 03 在弹出的【文本分列向导-第2步，共3步】对话框中，在身份证号码第6位与第7位之间、第10位与第11位之间、第12位与第13位之间、第14位与第15

位之间、第16位与第17位之间、第17位与第18位之间分别单击鼠标，即可建立分列线，将身份证号码拆分成7列，如图4-34所示，单击【下一步】按钮。

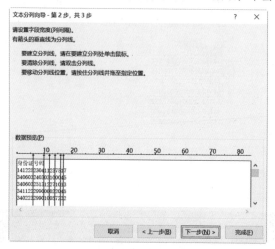

图4-34　【文本分列向导-第2步，共3步】对话框

STEP 04 在弹出的【文本分列向导-第3步，共3步】对话框中，为了保留A列身份证号码信息，可以将拆分得到的列的放置位置【目标区域】更改为"B1"单元格。因只需要前6位地区编码、中间8位出生年月日、第17位性别编码，所以拆分得到的第5、7列不需要保留。用鼠标单击选择拆分得到的第5列，选择【不导入此列（跳过）】项，用鼠标单击选择拆分得到的第7列，选择【不导入此列（跳过）】项，此时第5、7列上方显示的文字变为"忽略列"，如图4-35所示，单击【完成】按钮。

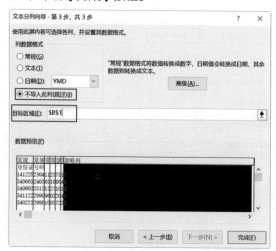

图4-35　【文本分列向导-第3步，共3步】对话框

拆分得到的各列如图4-36所示。

	A	B	C	D	E	F	G
1	身份证号码	地区编码	年	月	日	性别	
2	141225230411237517	141225	2304	11	23	1	
3	340603240303100045	340603	2403	3	10	4	
4	340603251312271013	340603	2513	12	27	1	
5	341122299006022045	341122	2990	6	2	4	
6	340223299010057232	340223	2990	10	5	3	
7	341222298906101460	341222	2989	6	10	6	
8	110105231010200855	110105	2310	10	20	5	
9	110108297603289014	110108	2976	3	28	1	
10	110109298603256140	110109	2986	3	25	4	

图4-36 分列结果示例

小白：哇，好方便呀！另外，我发现分列的这三步对话框与文本数据导入的三步对话框是一样的。

Mr.林：没错，的确是这样的，分列功能是一个超级实用的数据处理利器，在数据处理时，使用频率非常高。等介绍到数据转换时，我还会继续教你使用分列功能进行数据类型转换操作。

小白：好的。

◉ 函数法

Mr.林：接下来我们学习使用LEFT、RIGHT和MID函数进行字段拆分操作，先看看LEFT、RIGHT和MID函数的用法，如图4-37所示。

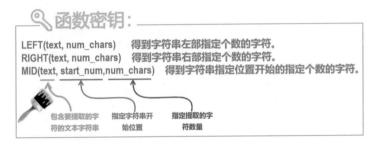

图4-37 函数密钥—LEFT与RIGHT函数

我们继续以图4-31所示的身份证号码表为例，现在采用LEFT和MID函数将前6位地区编码、中间8位出生年月日、第17位性别编码抽取出来。

STEP 01 选中B2单元格，然后输入函数公式：=LEFT(A2,6)。

STEP 02 选中C2单元格，然后输入函数公式：=MID(A2,7,4)。

STEP 03 选中D2单元格，然后输入函数公式：=MID(A2,11,2)。

STEP 04 选中E2单元格，然后输入函数公式：=MID(A2,13,2)。

STEP 05 选中F2单元格，然后输入函数公式：=MID(A2,17,1)。

STEP 06 将B2:F2公式复制粘贴至B3:F24单元格。

使用函数拆分字段的效果如图4-38所示，经过文本类别函数处理后的结果均为字符型数据，字符型数据在单元格中默认靠左对齐。

B2		✕ ✓ *fx*	=LEFT(A2,6)			
	A	B	C	D	E	F
1	身份证号码	地区编码	年	月	日	性别
2	141125230411237517	141125	2304	11	23	1
3	340603240303100045	340603	2403	03	10	4
4	340603251312271013	340603	2513	12	27	1
5	341122299006022045	341122	2990	06	02	4
6	340223299010057232	340223	2990	10	05	3
7	341222298906101460	341222	2989	06	10	6
8	110105231010200855	110105	2310	10	20	5
9	110108297603289014	110108	2976	03	28	1
10	110109298603256140	110109	2986	03	25	4

图4-38　函数拆分字段示例

小白：嗯，我也发现了。使用MID函数拆分出来的小于10的月与日前面都保留0，例如06月02日，这说明是字符型数据，而使用分列功能得到的就是6月2日。

Mr.林：不错哟！观察得很仔细。

4.4.2　随机抽样

Mr.林喝了口水，继续说道：接下来我们学习随机抽样，它是按照随机的原则，也就是保证总体中每个样本都有同等机会被抽中的原则，进行样本抽取的一种方法。

随机抽样在各行各业中都有广泛的应用。例如在数据挖掘建模的过程中，往往是十几万甚至是百万级的数据，如果要对所有的数据进行计算，在时间、计算资源等方面都很难满足计算要求，因此对数据进行随机抽样就很有必要了。

在Excel中进行随机抽样，可以使用RAND函数，函数用法如图4-39所示。

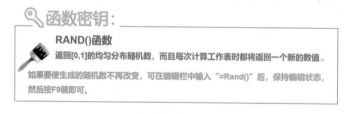

图4-39　函数密钥—RAND

小白马上接道：哈哈！难道这个RAND()函数只能返回0~1之间的数，那我要是需要返回大于1的数，例如随机抽取60~70之间的数怎么办呢？

Mr.林：这个简单！若要产生60~70之间的随机数，可以将公式写成"=RAND()*10+60"，要取整的话可以用公式"=INT(RAND()*10+60)"。我解释一下，"RAND()*10"就是将RAND()区间扩大10倍，即从[0,1]扩大到[0,10]，再加上60，则变成[60,70]了。我用数据学语言表述一下：*a*、*b*分别代表两个数字，其中*a*<*b*，若要生成*a*与*b*之间的随机实数，可以用公式"=RAND()×(b−a)+a"。

当然还可以使用RANDBETWEEN函数，函数用法如图4-40所示。

图4-40 函数密钥—RANDBETWEEN

我们继续以图4-31所示的用户身份证号码表为例，共23个用户身份证号码，现随机抽取5个用户，可进行如下操作。

STEP 01 在A列生成序号，在A1中输入1，A2中输入"=A1+1"，再将A2的公式复制粘贴到A3:A24区域，则生成了不重复的序列号，如图4-41所示。

	A	B	C	D	E	F	G	H
1	序号	身份证号码						
2	1	141225230411237517						
3	2	340603240303100045						
18	17	450502296704080033						
19	18	130921298304073636						
20	19	130402220807260627						
21	20	131102298610240218						
22	21	130121298110090020						
23	22	130527297602212616						
24	23	130227298809031626						

图4-41 抽样调查−生成序号

STEP 02 在D列中随机生成5个1～23的序号，在D2中输入公式"=RANDBETWEEN(1,23)"，将D2的公式复制粘贴至D3:D6的单元格中，即生成5个随机数，再将生成的随机数复制并选择性粘贴成数值，如图4-42的D列所示。

E2		×	✓	*fx*	=VLOOKUP(D2,A:B,2,0)	
	A	B	C	D	E	F
1	序号	身份证号码		随机数	身份证号码	
2	1	141225230411237517		1	141225230411237517	
3	2	340603240303100045		5	340223299010057232	
4	3	340603251312271013		11	250111298506041925	
5	4	341122299006022045		9	110109298603256140	
6	5	340223299010057232		7	110105231010200855	
7	6	341222298906101460				
8	7	110105231010200855				
9	8	110108297603289014				
10	9	110109298603256140				

图4-42 随机抽取的用户身份证号码

STEP 03 把D列的随机数看作随机生成的序号，参照A、B列，将随机数所对应的员工编号匹配到E列中。即在E2单元格中输入公式"=VLOOKUP(D2,A:B,2,0)"，并将公式复制粘贴至E3:E6单元格区域，即生成了随机抽取的用户身份证号码，如图4-42所示。

STEP 04 如果抽出来的随机数存在重复，只需对抽取出的随机数进行去重，再用同样的随机抽样方法，凑足5个不重复的随机数，然后进行用户身份证号码匹配操作。

听Mr.林讲完最后一步，小白如释重负：哇，数据处理还真不简单！都快把我最后一点精力榨干了。

4.5 数据计算

4.5.1 简单计算

Mr.林：有时候数据表中的字段不能从数据源表字段中直接提取出来，但是可以通过计算来实现我们的需求。小白，看一看图4-43，我们获得的数据源只有产品销售数量和单价，老板需要的是销售额，以便了解公司业绩。这时候，需要通过简单计算才能达到目的。

没等Mr.林往下讲，小白打断了他：等等，什么是简单计算呀？

Mr.林：简单计算就是字段通过加、减、乘、除等简单算术运算就能得到结果。先告诉你，在Excel中加、减、乘、除对应的运算符就是键盘中的"+、−、*、/"符号。我们知道销售额、销售数量和单价的关系如下：

$$销售额=销售数量\times 单价，总销售额=\sum 各产品销售额$$

现在以图4-43中所示的数据源为例，教你实现销售额的计算。

	A 产品名称	B 销售数量	C 单价	D 销售额	E 公式
2	产品A	200	￥78.00	￥15,600.00	=B2*C2
3	产品B	300	￥88.00	￥26,400.00	=B3*C3
4	产品C	100	￥85.00	￥8,500.00	=B4*C4
5	产品D	50	￥100.00	￥5,000.00	=B5*C5
6	产品E	87	￥68.00	￥5,916.00	=B6*C6
7	合计	737		￥61,416.00	=SUM(D2:D6)

图4-43 产品销售额计算

STEP 01 在D2中输入"=B2*C2"，然后按Enter键完成输入。

STEP 02 将鼠标指针移动到D2单元格的右下角，直到出现填充柄。双击填充柄，则D3:D6自动填充了D2的公式，D6的公式是"=B6*C6"。

D7是计算总销售额的单元格，即我们希望D7是D2:D6之和，如何实现呢？

小白：您都说了"之和"，不就可以用"=D2+D3+D4+D5+D6"实现吗？

Mr.林：是的，但是当要求和的数据不是D2:D6，而是D2:D60呢？这种公式输入的过程是不是很复杂？我教你另一个简单的方法，看第3步。

STEP 03 选中D7单元格，再选择【开始】选项卡→【编辑】组→【自动求和】→【求和】，如图4-44所示，按Enter键，完成输入。

图4-44　自动求和

我们可以看到E7中有公式"=SUM(D2:D6)"，SUM即对多个数值求和。同时我们看到"自动求和"的下拉菜单中还有平均值、计数、最大值、最小值等计算可供使用。

4.5.2　函数计算

Mr.林：有简单计算，就有复杂计算，所谓的复杂计算是指运用到函数的计算。其实平常工作中我们用到的函数并不复杂，接下来我就告诉你几个既简单又实用的函数。

◉ 日期计算

Mr.林：小白，假如需要了解公司员工年龄分布情况，员工个人信息表里已经包含了出生日期，那如何计算年龄呢？

小白不解地问道：难道不是用今天的日期减去员工的出生日期吗？

Mr.林：当然不是，直接相减只能得到天数，并非年龄。这个时候需要用到DATEDIF函数，DATEDIF函数就是计算两个日期之间年/月/日的间隔数，函数用法如图4-45所示。

图4-45　函数密钥—DATEDIF函数

Mr.林：小白，下面使用DATEDIF函数计算员工的年龄吧。

STEP 01　选中G2单元格，然后输入函数公式：=DATEDIF(C2,TODAY(),"Y")。

STEP 02　将G2中的公式复制粘贴至G3:G7单元格。

使用DATEDIF函数计算年龄的结果如图4-46所示。

	A	B	C	D	E	F	G	H
G2				fx	=DATEDIF(C2,TODAY(),"Y")			
1	姓名	工号	出生年月	性别	工龄	职务	年龄	
2	黄雅玲	A776477	1993/12/8	女	37	销售代表	25	
3	王俊元	A310882	1982/2/19	男	45	销售总监	37	
4	谢丽秋	A520304	1983/8/30	女	28	销售代表	35	
5	王炫皓	A356517	1988/9/19	男	33	销售代表	30	
6	孙林	A466074	1985/3/4	男	29	销售代表	34	
7	王伟	A667708	1983/7/2	男	8	销售代表	35	

图4-46　利用DATEDIF计算年龄

◉ 数据分组

小白不禁疲惫地打了个哈欠，Mr.林在脑子里搜刮了一圈想找点有意思的事情给她提提神，于是问小白：看过电影《命运呼叫转移》吗？

小白：看过呀，我还记得电影里面"葛大爷"的经典台词，比如，"给老婆打电话是大事。""大哥，调查一下，你们家GDP是多少?"……

Mr.林：这个我也记得，后来他还给大头汇报过村里果树的统计情况，"根据你的要求，我是这样统计的，一共有48户，30棵树以上的，有10户；20棵树以上的，有20户；40棵树以上的，有5户。""葛大爷"的汇报里使用了数据分组，结论清晰明了，如图4-47所示。

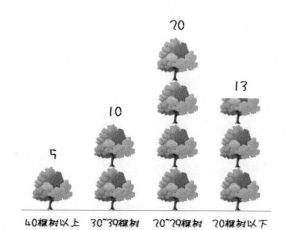

图4-47　某村种植红果树的户数分布情况

　小白：哈哈！村里的村民都知道怎么去统计，我也不能落后，快教我怎样对数据进行分组吧！

Mr.林：在Excel中可以使用IF、VLOOKUP两个函数进行数据分组操作。

（1）IF函数分组

IF函数是Excel中最常用的函数之一，是一个逻辑判断函数，IF函数可对数值大小进行判断，并赋予相应的分组标签。

所以IF函数有三个组成部分：需要判断的表达式，表达式为真时的返回值，表达式为假时的返回值，如图4-48所示。

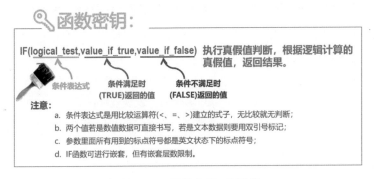

图4-48 函数密钥—IF函数

Mr.林：下面我们对员工年龄进行分组，将年龄分为(0,30)、[30,+∞)两组，使用IF函数进行数据分组。

STEP 01 选中H2单元格，然后输入函数公式：=IF(G2<30,"(0,30)","[30,+∞)")。

STEP 02 将H2中的公式复制粘贴至H3:H7单元格。

使用IF函数将员工年龄分为2个分组的结果如图4-49所示。

	A	B	C	D	E	F	G	H	I
1	姓名	工号	出生年月	性别	工龄	职务	年龄	年龄分组	
2	黄雅玲	A776477	1993/12/8	女	37	销售代表	25	(0,30)	
3	王俊元	A310882	1982/2/19	男	45	销售总监	37	[30,+∞)	
4	谢丽秋	A520304	1983/8/30	女	28	销售代表	35	[30,+∞)	
5	王炫皓	A356517	1988/9/19	男	33	销售代表	30	[30,+∞)	
6	孙林	A466074	1985/3/4	男	29	销售代表	34	[30,+∞)	
7	王伟	A667708	1983/7/2	男	8	销售代表	35	[30,+∞)	

图4-49 利用IF函数分组结果1

小白若有所思地说：那如果要分为(0,30)、[30,35)、[35,+∞)三组，怎么办？

Mr.林：好办，只要将刚才IF函数中的第三个参数替换为IF(G2<35,"[30,35)","[35,+∞)")，具体步骤如下。

STEP 01 选中I2单元格，然后输入函数公式：=IF(G2<30,"(0,30)",IF(G2<35,"[30,35)","[35,+∞)"))。

STEP 02 将I2公式复制粘贴至I3:I7单元格。

使用IF函数将员工年龄分为3个分组的结果如图4-50所示。

I2					f_x	=IF(G2<30,"(0,30)",IF(G2<35,"[30,35)","[35,+∞)"))		
	A	B	C	D	E	F	G	H	I
1	姓名	工号	出生年月	性别	工龄	职务	年龄	年龄分组1	年龄分组2
2	黄雅玲	A776477	1993/12/8	女	37	销售代表	25	(0,30)	(0,30)
3	王俊元	A310882	1982/2/19	男	45	销售总监	37	[30,+∞)	[35,+∞)
4	谢丽秋	A520304	1983/8/30	女	28	销售代表	35	[30,+∞)	[35,+∞)
5	王炫皓	A356517	1988/9/19	男	33	销售代表	30	[30,+∞)	[30,35)
6	孙林	A466074	1985/3/4	男	29	销售代表	34	[30,+∞)	[30,35)
7	王伟	A667708	1983/7/2	男	8	销售代表	35	[30,+∞)	[35,+∞)

图4-50　利用IF函数分组结果2

小白继续追问：那如果要分为(0,30)、[30,35)、[35,40)、[40,+∞)四组，怎么办？

Mr.林笑道：哈哈！我就知道你会这样问，只要将嵌套里的IF函数的第三个函数继续替换为IF(G2<40,"[35,40)","[40,+∞)")即可。小白，发现规律没有？

小白：嗯，发现了，如果要嵌套，直接在IF函数嵌套中最里面的IF函数的第三个参数上进行替换嵌套。

Mr.林：没错，还有几点注意事项：

① IF函数嵌套有层数限制，Excel 2003版为7层，Excel 2007及其以上版本为64层。

② 条件判断中的数值要按照从低到高或者从高到低的顺序进行排列，如果条件是小于或小于等于关系，则是从低到高排列，如果条件是大于或大于等于关系，则是从高到低排列。

③ 函数中输入的括号、大于、小于、等于、逗号、双引号均要在英文半角状态下输入。

④ 在输入括号时，养成同时输入左括号和右括号的习惯，这样可以避免括号数量和层级出现不对应的问题。

小白：哇！IF函数的使用还有这么多讲究呢。

（2）VLOOKUP函数分组

Mr.林：IF函数有嵌套层数限制，当需要分组的组数超过嵌套层数限制时，就算分组的组数没有超过嵌套层数限制，例如分50组，写49个嵌套也太烦琐了！那怎么办？

这时可以使用VLOOKUP函数的模糊匹配功能进行数据分组。

STEP 01 准备一个分组对应表，用来确定分组的范围和标准，如图4-51的右侧所示。其中，J列"阈值"是指每组覆盖的数值范围中的最低值，例如图4-51中第二组[30,35)（30≤X<35），则阈值设置为30，其他阈值设置以此类推；K列"分组"记录的是每一组的组名、标签，例如单元格G2的数值25对应K列中[0,30)这组；L列"备注"是记录我们如何分组的，目的是方便数据处理人员理解和识别。

STEP 01 选中H2单元格，然后输入函数公式：=VLOOKUP(G2,$J$1:$K$4,2,1)。

STEP 02 将H2单元格公式复制粘贴至H3:H7数据区域。

图4-51　利用VLOOKUP函数进行分组

这里VLOOKUP函数的应用与"数据提取"中有所不同。这里VLOOKUP函数的最后一个参数range_lookup为1，只要是非0或者省略，表示使用的是模糊匹配。

小白： VLOOKUP函数可真神奇！

4.6　数据转换

Mr.林喝了口水，接着讲下去：介绍完数据清洗、数据合并、数据抽取、数据计算这四大数据处理方法，就剩下数据转换了。这里主要介绍三个实用操作：数据表行列互换、二维表转一维表、数据类型转换。

4.6.1　数据表行列互换

小白： 说到数据表行列互换，我想起每次交给牛董的报表，都需要按照他的意思返工一次。例如上次，就像图4-52上方的表格这样，行列排版形式不合他口味，得重新颠倒来放，有没有快捷一点的方式？我可不想再一个个单元格地粘贴了。

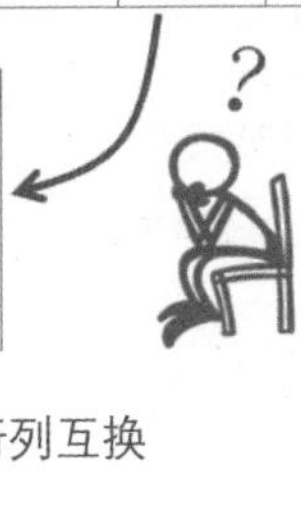

图4-52　行列互换

Mr.林：哈哈！这种做法真的很——笨，我来教你一个一步到位的技巧——利用选择性粘贴。选择性粘贴不仅可以解决行列互换的问题，还可以选择性地粘贴格式、公式、数值等，甚至还能选择数值将它们批量加/减/乘/除一个固定值。

小白迫不及待地说：这么神奇？那赶紧看看吧！

STEP 01　选择要进行行列互换的数据区域A1:F4，单击【复制】按钮。

STEP 02　选择A6单元格，在【开始】选项卡上的【剪贴板】组中，单击【粘贴】按钮，然后从下拉菜单中单击【选择性粘贴】选项，如图4-53所示。

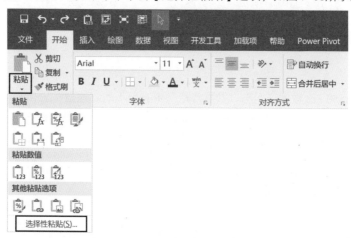

图4-53　【选择性粘贴】菜单

STEP 03　在弹出的【选择性粘贴】对话框中，勾选【转置】复选框，如图4-54所示，即可实现行列转置粘贴。

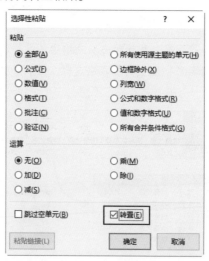

图4-54　选择【转置】复选框

在这里，我再简单介绍一下其他常用的选择性粘贴功能，如图4-55所示。

项目	功能
数值	可以去除公式、格式等
公式	只粘贴公式，使用时需注意绝对地址的应用
格式	不用重新设置格式，对复杂格式较为适用，相当于格式刷
【运算】区域	将复制区域的内容与粘贴区域的内容进行算术结合

图4-55　选择性粘贴功能列表

在【运算】区域里还有"加""减""乘""除"四个选项，选择"加"即将复制区域中的值与粘贴区域中的值相加；"减"即从粘贴区域中的值减去复制区域中的值；"乘""除"照此类推。例如，我们想在部分单元格数值前加上负号，可以另取任一单元格，输入"-1"，复制，再选择性粘贴"乘"到想变负号的数值区域，则该区域中的数值全部变成了相反数。

小白：好的。

4.6.2　二维表转一维表

小白继续问道：那么如何将二维表转化为一维表？

Mr.林笑道：嘿嘿！我料定你会问这个问题，我们现在就采用图4-56所示的二维表数据，看看如何进行二维表到一维表的转换。

	A	B	C	D
1	地区	2006年	2007年	2008年
2	北京	7861	9353	10488
3	上海	10366	12189	13698
4	山东	22077	25966	31072
5	广东	26160	31084	35696
6	浙江	15743	18780	21487

图4-56　二维表数据示例

在转换过程中我们要用到数据透视表中的【数据透视表和数据透视图向导】功能，但是，Excel并没有在选项卡中直接给出该功能，需要我们自己把它给"请"出来。

二维表转换为一维表的操作如下。

STEP 01　先添加【数据透视表和数据透视图向导】功能。单击【文件】选项卡→【选项】→【自定义功能区】，在【不在功能区中的命令】中找到【数据透视表和数据透视图向导】并选中。在右侧【数据】选项卡下面添加【新建组】并选中它，再单击【添加】按钮，即可把【数据透视表和数据透视图向导】添加到【数据】选项卡的【新建组】中，如图4-57所示。

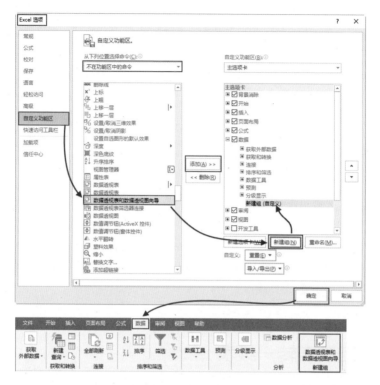

图4-57　添加【数据透视表和数据透视图向导】图标

STEP 02　单击刚添加好的【数据透视表和数据透视图向导】图标，弹出【数据透视表和数据透视图向导——步骤1（共3步）】对话框，在数据源类型中选中【多重合并计算数据区域】，如图4-58所示，单击【下一步】按钮。

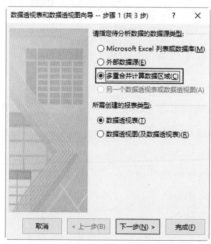

　　　　图4-58　数据透视表和数据透视图向导——步骤1

其实要打开【数据透视表和数据透视图向导】对话框，还有更简单快捷的方式——使用快捷键"Alt+D+P"组合键，即先同时按下"Alt"和"D"键，然后松开"Alt"和"D"键，再按"P"键，即可打开【数据透视表和数据透视图向导】对话框。

STEP 03 在弹出的【数据透视表和数据透视图向导--步骤2a（共3步）】对话框中，保持默认选中【创建单页字段】，单击【下一步】按钮，如图4-59所示。

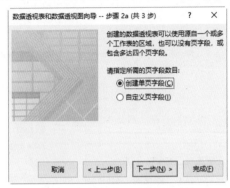

图4-59　数据透视表和数据透视图向导--步骤2a

STEP 04 在弹出的【数据透视表和数据透视图向导-第2b步，共3步】对话框中的【选定区域】项中选择整个二维表的数据区域"二维表!$A$1:$D$6"，单击【添加】按钮，单击【下一步】按钮，如图4-60所示。

图4-60　数据透视表和数据透视图向导-第2b步

STEP 05 在弹出的【数据透视表和数据透视图向导--步骤3（共3步）】对话框中的【数据透视表显示位置】栏中选择【新工作表】项，然后单击【完成】按钮，如图4-61所示，即可完成数据透视表的创建。创建的数据透视表如图4-62的左边数据透视表所示。

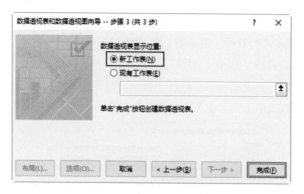

图4-61　数据透视表和数据透视图向导——步骤3

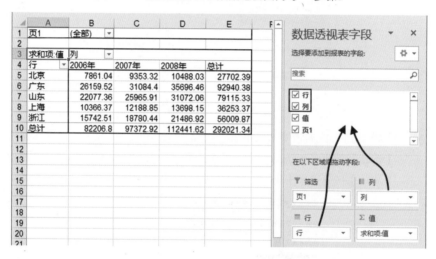

图4-62　初步完成的数据透视表

STEP 06　在【数据透视表字段】窗格中，取消对【选择要添加到报表的字段】列表中的【列】和【行】字段的勾选。或用鼠标拖动法，将列标签里的【列】及行标签里的【行】拖回至【选择要添加到报表的字段】列表中，如图4-62右边【数据透视表字段】窗格所示。经过【列】和【行】字段移除整理后的数据透视表如图4-63所示。

	A	B
1	页1	(全部) ▼
2		
3	求和项:值	汇总
4	汇总	292021.34

图4-63　移除【列】和【行】标签的数据透视表

STEP 07　双击图4-63中的B4单元格（唯一的汇总数据），Excel会自动创建一个新工作表，并基于原二维表数据源生成一个新的一维表，如图4-64所示。

	A	B	C	D
1	行	列	值	页1
2	北京	2006年	7861.04	项1
3	北京	2007年	9353.32	项1
4	北京	2008年	10488	项1
5	上海	2006年	10366.4	项1
6	上海	2007年	12188.9	项1
7	上海	2008年	13698.2	项1
8	山东	2006年	22077.4	项1
9	山东	2007年	25965.9	项1
10	山东	2008年	31072.1	项1
11	广东	2006年	26159.5	项1
12	广东	2007年	31084.4	项1
13	广东	2008年	35696.5	项1
14	浙江	2006年	15742.5	项1
15	浙江	2007年	18780.4	项1
16	浙江	2008年	21486.9	项1

图4-64　二维表转一维表结果示例

此外，直接双击图4-62中的最后一个单元格E10也能达到同样的效果。最后，把数据表的列标题（字段名）改为相应的字段名称即可。

小白惊讶地说：好神奇呀！

Mr.林笑道：这里先简单介绍数据透视表的二维表到一维表的转换功能，数据透视表的具体应用将在数据分析工具中进行介绍。

小白：好的，数据透视表的功能真是强大。

4.6.3　数据类型转换

Mr.林笑道：接下来我们学习数据类型的转换，常用的类型转换主要有文本转数值、数值转文本、数值转日期三种操作。

◉ 文本转数值

首先是文本转数值，即将字符型的数字转换为数值型数据，所以前提必须是纯数字的字符型数据，如图4-65所示，如果带有其他非数字字符，则是无法转换为数值型数据的。

图4-65　纯数字字符型数据示例

Mr.林：小白，你发现什么没有？

小白：A列字符型数据靠左对齐排列？

Mr.林：没错，是这样的。接下来我们就来看看如何将它转换为数值型数据，主要使用分列功能。

STEP 01 选择A列整列数据，在【数据】选项卡的【数据工具】组中，单击【分列】按钮。

STEP 02 因为我们并非真的是要进行分列操作，而是需要用到第3步的类似设置功能，所以在弹出的【文本分列向导–第1步，共3步】、【文本分列向导–第2步，共3步】对话框中，直接单击【下一步】按钮。

STEP 03 在弹出的【文本分列向导–第3步，共3步】对话框中，【列数据格式】保持默认选择【常规】项，如图4–66所示，单击【完成】按钮。

图4-66　【文本分列向导–第3步，共3步】对话框

字符型的数字转换为数值型数据的结果如图4-67所示。

图4-67　文本转数值结果示例

小白：我发现了，转换为数值型数据的A列现在是靠右对齐排列。

Mr.林：没错，文本转数值还有其他方法，例如使用VALUE函数，或者对它自己本身做一个不改变大小的运算，如加0、减0、乘1、除1。当数据量较大时，使用分列功能进行类型转换最高效。

◎ 数值转文本

Mr.林：接下来介绍数值转文本的操作，即将数值型数据转换为字符型的数字，同样使用分列功能进行转换。我们直接在刚才转换后的数值型数据上进行操作，如图4-67所示。

STEP 01 选择A列整列数据，在【数据】选项卡的【数据工具】组中，单击【分列】按钮。

STEP 02 在弹出的【文本分列向导-第1步，共3步】、【文本分列向导-第2步，共3步】对话框中，直接单击【下一步】按钮。

STEP 03 在弹出的【文本分列向导-第3步，共3步】对话框中，在【列数据格式】栏中选择【文本】项，如图4-68所示，单击【完成】按钮。

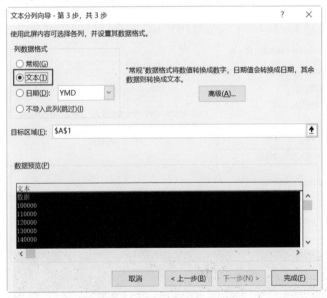

图4-68　【文本分列向导-第3步，共3步】对话框

数值型数据转换为字符型数字的结果如图4-65所示。

同样，数值转文本还有其他方法，例如使用TEXT函数，可以将数值转换为指定的文本格式。

◎ 数值转日期

Mr.林：最后是数值转日期，即将日期格式的数值型数据转换为日期型数据，如

95

图4-69所示，同样使用分列功能进行转换。

图4-69　日期格式的数值型数据示例

STEP 01 选择A列整列数据，在【数据】选项卡的【数据工具】组中，单击【分列】按钮。

STEP 02 在弹出的【文本分列向导-第1步，共3步】、【文本分列向导-第2步，共3步】对话框中，直接单击【下一步】按钮。

STEP 03 在弹出的【文本分列向导-第3步，共3步】对话框中，在【列数据格式】栏中选择【日期】项，如图4-70所示，单击【完成】按钮。

图4-70　【文本分列向导-第3步，共3步】对话框

日期格式的数值型数据转换为日期型数据的结果如图4-71所示。

图4-71 数值转日期结果示例

4.7 本章小结

Mr.林喝了口水：数据处理的内容就介绍完了，我们再来回想一下今天的内容。

★ 介绍了什么是数据处理，数据处理常用方法。

★ 数据清洗常用的三种方法：重复数据处理、缺失数据处理、空格数据处理。

★ 数据合并常用的两种方法：字段合并、字段匹配。

★ 数据抽取常用的两种方法：字段拆分、随机抽样。

★ 数据计算常用的两种方法：简单计算、函数计算。

★ 数据转换常用的三种方法：数据表行列互换、二维表转一维表、数据类型转换。

今天讲的内容就差不多了，我想你笔记里应该记得很详细，回去记得经常翻翻，多动手实践。

小白：好的，今天的内容多，回去我要多理解消化并操作实践。

第 **5** 章

工欲善其事必先利其器，数据分析

数据分析方法

数据分析工具

小白在Mr.林的悉心指导下，已经学会了如何进行数据处理，并运用在了公司员工满意度调查收集到的原始数据处理工作上，完成了员工满意度的前期数据处理工作。接下来，按照牛董的要求，要为他提供一份员工满意度分析结果，但是小白不知道到底要做哪些数据分析工作，得到怎样的分析结果。眼看着就要到牛董限定的期限了，小白像热锅上的蚂蚁一样急得团团转。

因为不是科班出身，面对着一堆数据，小白脑袋里一片空白，一时不知从何入手。正在愁肠百转之际，突然，小白想到Mr.林还没教她怎么进行数据分析。这么好的实践机会，何不找他进一步指导呀？

于是小白揣着笔记本电脑来到Mr.林的办公桌旁，可怜巴巴地说道：Mr.林，您一定要救救我！

Mr.林看着小白垂头丧气的样子：怎么了，小白，不是已经教你怎么处理数据了吗？在哪一步遇到难题了？跟我说说。

小白：数据处理工作我已经做完了，现在要对处理好的数据进行分析，但我一点思路都没有，不知道怎么弄，所以，只好找您来求助啦！

Mr.林：你已经完成数据处理的工作啦？效率真高啊，我原本预计你没这么快完成呢，所以我就没告诉你怎么做数据分析。

小白指着自己发黑的眼圈：效率不得不高啊，牛董限定的期限快到了，我是晚上加班才提前完成的，您看我都成"熊猫"了。

Mr.林：小白，多注意身体呀。那我们现在就来学习一下如何进行数据分析吧。

数据分析不仅是指会用数据分析工具，你还必须懂得数据分析原理，没有理论的指导，就无法知晓该从哪方面入手？要分析哪些关键点？就算做出来了，得到的分析结果也可能无法完全解答你的问题，或者符合最初的数据分析目的。

5.1　数据分析方法

Mr.林：学习数据分析方法，首先要了解数据分析的几种基本方法，掌握了它们，对于理解与掌握后续相应的各种数据分析方法就顺畅多了。

小白，还记得一开始我介绍的数据分析方法的三大作用吗？

小白：当然记得，主要有现状分析、原因分析、预测分析。

Mr.林：没错，那么这三大作用分别通过什么数据分析方法来实现呢？它们基本分别对应对比、细分和预测三大基本方法，具体如图5-1所示。

小白：经过您的总结，果然清晰明了，要解决什么问题就要用什么样的分析方法。

Mr.林：接下来我们就具体看看每种数据分析方法是如何运用的。首先是对比分析法，它可是数据分析的基本方法之一。

数据分析作用	基本方法	数据分析方法
现状分析	对比	对比分析 分组分析 结构分析 分布分析 交叉分析 RFM分析 矩阵关联分析 综合评价分析 ……
原因分析	细分	结构分解法 因素分解法 漏斗图分析 ……
预测分析	预测	趋势分析 回归分析 时间序列 ……

图5-1　数据分析的作用与对应的分析方法

5.1.1　对比分析法

任何事物都是既有共性特征，又有个性特征的。只有通过对比，才能分辨出事物的性质、变化、发展、与其他事物的异同等个性特征，从而更深刻地认识事物的本质和规律。因此，人们历来就把对比作为认识客观世界的基本方法。

◉ 定义

对比分析，是指将两个或者两个以上的数据进行比较，分析它们的差异，从而揭示事物发展变化情况和规律性。对比分析可以非常直观地看出事物某方面的变化或差距，并且可以准确、量化地表示出这种变化或差距是多少。

◉ 指标与维度

数据分析需要对指标从不同的维度进行对比分析，才能得出有效的结论。指标与维度是数据分析中最常使用到的术语，它们非常基础，同时又非常重要，但是，经常有人没有搞清楚它们之间的关系。因此，只有理解了指标与维度，才能更容易地开展数据分析工作。

1）指标

指标是用于衡量事物发展程度的单位或方法，它还有一个在IT领域常用的名字，称为度量。例如：人口数、GDP、收入、用户数、利润率、留存率、覆盖率等。很多公司都有自己的KPI指标体系，就是通过一批关键指标来衡量公司业务运营情况的好坏。

指标需要经过计数、加和、平均等汇总计算方式得到，并且需要在一定的前提条件下进行汇总计算，如时间、地点、范围，也就是我们常说的统计口径与范围。

指标可以分为绝对数指标和相对数指标，绝对数指标是反映规模大小的指标，而相对数指标主要用来反映质量的高低。

所以，分析一个事物的发展程度可以从数量（Quantity）和质量（Quality）这两个方面的指标进行对比分析，简称为QQ模型，也称为QQ模型分析法，这个模型是数据分析中一种常用的分析方法，如图5-2所示。

图5-2　QQ模型示例

第一个Q，就是数量（Quantity），也是我们常说的绝对数指标，例如收入、用户数、渠道数、GDP、人口数等绝对数指标，主要用来衡量事物发展的规模大小情况。

第二个Q，就是质量（Quality），也是我们常说的相对数指标，例如利润率、留存率、覆盖率、人均GDP、人均收入等相对数指标，主要用来衡量事物发展的质量高低情况。

质量又可以分为广度和深度两个角度。

★ 广度是指群体覆盖的范围，例如：留存率、渗透率、付费率等。

★ 深度是指群体参与的深度，例如：人均消费额、人均GDP、人均收入、人均在线时长等。

例如，在分析业务时，先分析业务是否达到一定的规模。如果业务规模足够大，可以再分析质量高不高。质量如果不高，就可以从提升质量的角度入手。我们常说的量变引起质变就是这个道理。收入与利润率、用户数与留存率等组合分析，都是QQ模型的经典应用。

2）维度

凡事都是相对的，没有绝对的，就好比物理力学原理中的参照系，选择不同参照物，物体的状态就不同，有可能是前进、静止或者后退等状态。刚才说过，指标用于衡量事物发展程度，那这个程度是好还是坏，这就需要通过不同维度进行对比，才能知道是好还是坏。

维度是事物或现象的某种特征，也是我们常说的分析角度，如产品类型、用户类型、地区、时间等都是维度，如图5-3所示。

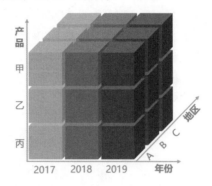

图5-3　数据分析维度

（1）同级类别对比

同级类别对比，称为横比，如不同国家人口数、GDP的对比，不同省份收入、用户数的对比，不同公司、不同部门之间的对比，不同产品之间的对比，不同用户之间的对比，如图5-4所示。这样可了解自身某一方面或各方面的发展水平在公司、集团内部或各地区处于什么样的位置，明确哪些指标是领先的，哪些指标是落后的，进而找出下一步发展的方向和目标。

（2）不同时期对比

时间是一种常用的、特殊的维度，时间维度上的对比，称为纵比。本月数据与上个月数据进行对比，就是环比，如图5-5所示；本月数据与去年同月数据进行对比，就是同比；每个月份的数据与某一固定月份的数据进行对比，就是定基比。

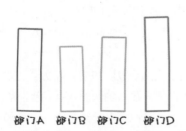

图5-4　同级类别对比示例

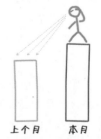

图5-5　不同时期对比示例

通过时间前后的对比，可以知道在时间维度上事物的发展变化是好还是差，如新增用户数环比上月增长10%，同比去年同期增长20%。

小白：与上个月比还可以理解，但为何选择与去年同期对比呢？为何不选去年的年初或年底？

Mr.林见小白主动提问，很高兴：小白，你这个问题问得好！选择与去年同期进行对比主要考虑到季节周期性的变化，有淡旺季之分，所以选择去年的同期（同一个季节）才具有可比性，当然如果你要与去年的年初或年底的完成值进行对比也是可以的，在对比前，选取对比对象时需要考虑其是否有对比意义。

通过对比自身在不同时间点上的完成情况，就可知道自身是进步还是退步。

除了进行横比与纵比外，还可以与业务目标进行对比，与行业的平均水平、标杆进行对比。

（3）与目标对比

实际完成值与目标进行对比。例如每个公司每年都有自己的业绩目标或计划，所以首先可将目前的业绩与全年的业绩目标进行对比，看是否完成目标，如图5-6所示。如果一年还未过完，处于某阶段，可把目标按时间拆分再进行对比，或直接计算完成率，再与时间进度（截至当天累计天数/全年天数）进行对比。

图5-6　完成值与目标对比示例

（4）行业内对比

通过与行业中的标杆企业、竞争对手或行业的平均水平进行对比，如图5-7所示。同样我们也可了解自身某一方面或各方面的发展水平在行业内处于什么样的位置，明确哪些指标是领先的，哪些指标是落后的，进而找出下一步发展的方向和目标。

图5-7　同竞争对手对比示例

Mr.林：小白，对比分析的维度不限于刚才列举的维度，当然还有其他维度，你可根据自己的实际情况采用不同的维度进行对比分析。

小白：好的，我先记下，以后在工作实践中再进行学习应用。

Mr.林：另外，根据数据类型来划分，维度可以分为定性维度和定量维度。

★ 数据类型为字符型数据，就是定性维度，它是事物的固有特征属性，如产品类型、用户类型、地区都是定性维度。

★ 数据类型为数值型数据，就是定量维度，如收入、消费、年龄等，一般需要对定量维度进行数值分组处理，再进行对比等分析。这样做的目的是为了使分析结果更加直观、规律更加明显，因为分组越细，规律就越不明显，最后细到最原始的明细数据，那就无规律可循了。

再次强调，只有通过事物发展的数量、质量两大方面的指标，从横比、纵比角度进行全方位的对比，才能够全面了解事物发展的情况与规律。

◉ 注意事项

在进行对比分析时，还需要注意以下问题。

（1）指标的口径范围、计算方法、计量单位必须一致，即要用同一种单位或标准去衡量。如果各指标的口径范围不一致，必须进行调整之后才能进行对比。没有统一的标准，就无法比较，或者无法确认比较的结果。例如600美元与3000元人民币就无法直接比较，需要根据当期的汇率进行换算后才可进行比较，否则不具有可比性。

（2）对比的指标类型必须一致，无论绝对数指标、相对数指标，还是其他不同类型的指标，在进行比对时，双方必须统一（见图5-8）。例如，2010年广州的GDP值与2010年深圳GDP增长率，是无法进行对比的，因为两种指标类型不一样。

图5-8　对比指标不一致

对比分析是数据分析中最基本的分析方法，也是最实用、最常用的分析方法，只有通过数据间的对比，才能分析它们的差异，进而了解事物发展情况与规律。

小白：好的。

5.1.2　分组分析法

　　　Mr.林：刚才讲的是对比分析，接下来介绍分组分析法。

分组分析法，是指根据分组字段，将分析对象划分成不同的部分，以对比分析各组之间的差异的一种分析方法。

分组的目的就是为了便于对比，把总体中具有不同性质的对象区分开，把性质相同的对象合并在一起，保持各组内对象属性的一致性、组与组之间属性的差异性，以便进一步进行各组之间的对比分析。

分组类型主要有两类，定性分组和定量分组。

★ 定性分组：它是按事物的固有属性划分的，如性别、学历、地区等属性，定性分组一般看结构，也就是结构分析。

★ 定量分组：也就是数值分组，根据分析目的将数值型数据进行等距或非等距分组，定量分组一般看分布，也就是分布分析。

5.1.3　结构分析法

Mr.林：结构分析法，是在分组的基础上，计算各组成部分所占的比重，进而分析总体的内部构成特征。这个分组主要是指定性分组，定性分组一般看结构，它的重点在于占整体的比重。结构分析法应用广泛，例如用户的性别结构、用户的地区结构、公司的产品结构等。

一般某部分占比越大，说明其重要程度越高，对总体的影响越大。例如通过对国民经济的构成进行分析，可以得到国民经济在生产、流通、分配和使用各环节中占国民经济的比重，或是各部分贡献比重，揭示各部分之间的相互联系及其变化规律。

结构相对指标（比例）的计算公式为：

结构相对指标（比例）＝（总体某部分的数值／总体总量）×100％

结构分析法的优点是简单实用，在实际的企业运营分析中，我们经常把市场比作蛋糕，市场占有率就是一个非常经典的应用。

市场占有率＝（某种商品销售量/该种商品市场销售总量）×100％

市场占有率是分析企业在行业中竞争状况的重要指标，也是衡量企业运营状况的综合经济指标。市场占有率高，表明企业运营状况好，竞争能力强，在市场上占据有利地位；反之，则表明企业运营状态差，竞争能力弱，在市场上处于不利地位。

所以评价一家企业运营状况是否良好，不仅需要了解客户数、收入等绝对数值指标是否增长，而且还要了解其在行业中的比重是否维持稳定或者也在增长。如果在行业中的比重出现下降，那么说明竞争对手增长比你快，相比较而言，企业就是在退步，企业要提高警惕，出台相应改进措施。

通常情况下，结构分析主要使用饼图进行数据展现，如果成分较少，例如只有两个或三个成分时，可以考虑使用圆环图进行展现，如果成分较多，例如10个以上，可以考虑使用树状图进行展现，如图5-9所示。

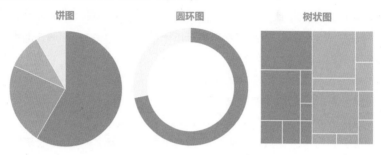

图5-9　结构分析常用的图形

5.1.4　分布分析法

Mr.林：分布分析法，是指根据分析目的，将数值型数据进行等距或不等距分组，研究各组分布规律的一种分析方法。

分布分析法也是在分组的基础上进行的，这个分组主要是指定量分组，定量分组一般看分布，如图5-10所示。分布分析的重点在于查看数据的分布情况，其横坐标轴是不能改变顺序的，也就是不能按数值的大小进行排序，否则就无法分析研究分布规律。分布分析的应用也非常广泛，例如，用户消费分布、用户收入分布、用户年龄分布等。

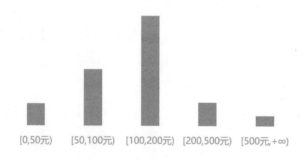

[0,50元)　　[50,100元)　[100,200元)　[200,500元)　[500元,+∞)

图5-10　用户消费分布

Mr.林：还记得前面咱们聊过的《命运呼叫转移》案例，还有我教你的数据分组法吗？

小白：记得啊！使用VLOOKUP函数进行数据分组。

Mr.林：对的，当时只介绍了在Excel中如何实现数据分组，但未介绍如何确定组距。

定量分组分析法的关键在于确定组数与组距。在数据分组中，各组之间的取值界限称为组限，一个组的最小值称为下限，最大值称为上限；上限与下限的差值称为组距；上限值与下限值的平均数称为组中值，它是一组变量值的代表值。

采用组距分组需要经过以下几个步骤：

STEP 01　确定组数。这可以由数据分析师决定，根据数据本身的特点（数据的大小）来确定。由于分组的目的之一是为了观察数据分布的特征，因此确定的组数应适中。如果组数太少，数据的分布就会过于集中，组数太多，数据的分布就会过于分散，这都不便于观察数据分布的特征和规律。

STEP 02　确定各组的组距。组距是一个组的最大值与最小值之差，可根据全部数据的最大值和最小值及所分的组数来确定，即组距＝（最大值−最小值）÷组数。

STEP 03　根据组距大小，对数据进行分组整理，划归至相应组内。

分好组后，我们就可以进行分布分析，从而发现各组的分布规律。

上面所介绍的分组属于等距分组，当然也可以进行不等距分组。采用等距分组还是不等距分组，取决于所分析对象的性质特点。在各单位数据变动比较均匀的情况下适合采用等距分组；在各单位数据变动不均匀的情况下可适合采用不等距分组，此时不等距分组或许更能体现现象的本质特征。数据分析师可根据自己的需要进行选择。

小白：之前只知道怎么进行分组，但不知道为什么要这样分，现在知道了。

Mr.林：还有一种特殊的分布分析，就是时间分布分析。例如，用户注册时段分布、用户购买时段分布、产品月销售分布、用户每日在线分布等，如图5-11所示。时间分布分析的横坐标轴（时间轴）也是不能改变顺序的，也就是不能按数值的大小进行排序，否则无法分析时间的分布规律。

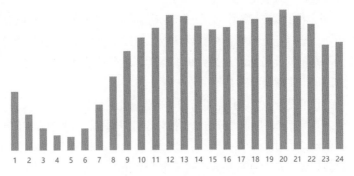

图5-11　用户注册时段分布

5.1.5　交叉分析法

Mr.林：小白，现在我要问你几个问题，看一看图5-12中所示的数据，请你告诉我，一月和二月A地区的所有水果销量是多少？

	A	B	C	D
1	月份	地区	水果	销量（吨）
2	一月	A	苹果	48
3	一月	B	苹果	37
4	一月	C	苹果	29
5	一月	A	香蕉	23
6	一月	B	香蕉	35
7	一月	C	香蕉	20
8	一月	A	雪梨	44
9	一月	B	雪梨	24
10	一月	C	雪梨	42
11	二月	A	苹果	25
12	二月	B	苹果	33
13	二月	C	苹果	40
14	二月	A	香蕉	41
15	二月	B	香蕉	28
16	二月	C	香蕉	28
17	二月	A	雪梨	28
18	二月	B	雪梨	32
19	二月	C	雪梨	26

图5-12　一月和二月各地区水果销量表

小白听后马上拿起Mr.林桌上的计算器算起来：是209吨。

Mr.林：正确，那你再算一下一月和二月B地区的所有水果销量是多少?

小白又继续在计算器上啪啪地计算：是189吨，Mr.林，需要算C地区的吗?

Mr.林微笑着说道：不用，你再计算一下一月和二月B地区的香蕉销量是多少吧?

小白计算了一下：是63吨。

Mr.林：你不觉得这样效率很低吗? 而且容易出错。

小白：我也是这样觉得，但是也不知道有什么其他好方法。Mr.林，您肯定知道，而且现在打算要教我怎么使用，对吧?

Mr.林：聪明。我们现在就来学习另一种实用的数据分析方法，它就是交叉分析法。

交叉分析法，通常用于分析两个或两个以上分组变量之间的关系，以交叉表的形式进行变量间关系的对比分析。交叉分析的原理，就是从数据的不同维度，综合进行分组细分，以进一步了解数据的结构、分布特征。

交叉分析的分组变量，可以是定量分组与定量分组进行交叉，也可以是定量分组与定性分组进行交叉，还可以是定性分组与定性分组进行交叉，只要能发现问题即可。

交叉分析的维度，建议不超过两个，维度越多，分得越细，就越没有重点，也就越难发现问题或规律。所以在选择几个维度的时候需要根据分析的目的决定。下面我主要介绍二维交叉表分析法。

二维交叉表其实就是我在前面介绍的二维表，例如我们可采用图5-12中所示的数据进行交叉表分析，得到如图5-13所示的交叉表。

在图5-13所示的示例中，交叉表中的行沿水平方向延伸（从左侧到右侧），A、B、C地区的数据各占一行。交叉表中的列沿垂直方向延伸（从上到下），苹果、香蕉、雪梨各占一列。汇总字段位于行和列的交叉节点，每个交叉节点的值代表对既满足行条件，又满足列条件的记录的汇总（求和、计数等），如"B"地区和"香蕉"的交叉节点的值是63，表示B地区在一月和二月的香蕉销量之和为63吨。

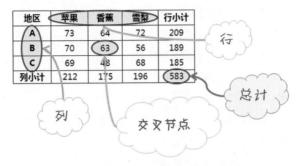

图5-13　一月和二月各地区水果销量交叉表示例

通过交叉表分析，我们很容易就可了解到：

（1）一月和二月所有地区所有水果的总销量（总计）。

（2）一月和二月不同地区所有水果的销量（行小计）。

（3）一月和二月不同水果所有地区的销量（列小计）。

（4）一月和二月各个地区不同水果的销量（各交叉节点值）。

所以刚才我让你计算的那些数据就可以不用"啪啪"地按计算器了，交叉表为你清晰地呈现了结果，你说是不是很方便？

小白：确实是很方便，在这个基础上，就可以利用对比分析法分析我需要了解的信息了，对吗？

Mr.林：非常正确！

5.1.6　RFM分析法

Mr.林：接下来学习RFM分析法，它是根据客户活跃程度和交易金额贡献，进行客户价值细分的一种客户细分方法。RFM分析法其实是交叉分析在客户价值细分领域的一个经典应用。RFM分析法，主要由三个指标组成，分别为R（Recency）近度、F（Frequency）频度、M（Monetary）额度组成，如图5-14所示。

指标	解释	意义
R（Recency）近度	客户最近一次交易时间到现在的间隔	R越大，表示客户越久未发生交易 R越小，表示客户越近有交易发生
F（Frequency）频度	客户在最近一段时间内交易的次数	F越大，表示客户交易越频繁 F越小，表示客户不够活跃
M（Monetary）额度	客户在最近一段时间内交易的金额	M越大，表示客户价值越高 M越小，表示客户价值越低

图5-14　RFM指标意义

R表示近度（Recency），也就是客户最近一次交易时间到现在的间隔。注意，R是最近一次交易时间到现在的间隔，而不是最近一次的交易时间。R越大，表示客户越久未发生交易，R越小，表示客户越近有交易发生。

F表示频度（Frequency），也就是客户在最近一段时间内交易的次数。F越大，表示客户交易越频繁，F越小，表示客户不够活跃。

M表示额度（Monetary），也就是客户在最近一段时间内交易的金额。M越大，表示客户价值越高，M越小，表示客户价值越低。

这里有一张经典RFM客户细分模型图，如图5-15所示，R、F和M三个指标通过交叉分组后组合构成了一个三维立方图。在各自的维度上，根据得分值又可以分为高和低两个分类，高表示高于该指标的平均值，低表示低于该指标的平均值，最终三个指标，每个指标分为高低两类，两两组合，就细分为八大客户群体。

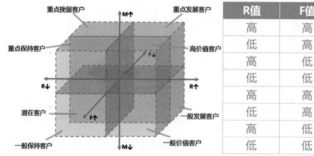

R值	F值	M值	客户类型
高	高	高	高价值客户
低	高	高	重点保持客户
高	低	高	重点发展客户
低	低	高	重点挽留客户
高	高	低	一般价值客户
低	高	低	一般保持客户
高	低	低	一般发展客户
低	低	低	潜在客户

图5-15　RFM客户细分模型

例如R得分高，F得分高，M得分高的客户为重要价值客户，R、F、M三个得分都低的客户为潜在客户，其他的以此类推进行解读即可。

使用RFM分析法，需要满足以下三点假设：

（1）假设最近有过交易行为的客户，再次发生交易的可能性要高于最近没有交易行为的客户。

（2）假设交易频率较高的客户比交易频率较低的客户，更有可能再次发生交易行为。

（3）假设过去所有交易总金额较多的客户，比交易总金额较少的客户，更有消费积极性。

尽管大部分的场景都符合这三个假设条件，但在使用RFM之前，还是需要结合实际的业务场景，判断是否符合以上三个假设条件。

Mr.林：RFM客户分类结果有两种方法可以实现，第一种方法就是使用IF或者VLOOKUP函数将R、F、M三个值分别根据相应的标准划分为高、低两类，然后使用交叉分析将R、F、M分类结果交叉组合为八个客户群体，即图5-15所示的八个客户群体。

第二种方法是计算RFM得分值，然后将客户细分为八种不同的类型，具体操作步骤如下。

STEP 01 计算RFM各项分值。

R_S：定义为距离当前日期越近，得分越高，最高5分，最低1分。

F_S：定义为交易频率越高，得分越高，最高5分，最低1分。

M_S：定义为交易金额越高，得分越高，最高5分，最低1分。

STEP 02 汇总RFM的分值。

RFM = 100×R_S + 10×F_S + 1×M_S

STEP 03 根据RFM客户细分模型，将客户细分为八种不同的类型。

小白： 在STEP2中，为什么设置R_S的权重为100，F_S的权重为10，M_S的权重为1呢？

Mr.林： 这样设置的目的，主要是为了确保RFM值的顺序与RFM客户细分模型的分类顺序一致。

例如，有两个用户A和B，A用户的R_S值比B用户的R_S值大，那么A用户的RFM得分就需要排在B用户前。

如何确保这样排序呢？

可以将R_S的权重设置为100，A用户的R_S值为2，B用户的R_S值为1，那么差值就是100。而F_S值的权重只有10，就算A用户的F_S值为最低分1，B用户的F_S值为最高分5，差值也就只有40，根据公式算出来的RFM值，A用户肯定比B用户更高，也就是A用户排在B用户前面。

这就是设置三个权重值的目的，把它们设置为100、10、1，相当于分别为百位、十位、个位的组合，目的只是为了让结果看起来更加简洁和计算方便。

小白恍然大悟： 原来如此。

5.1.7　矩阵关联分析法

Mr.林： 小白，接下来我将介绍一个重量级的数据分析方法，它的功能非常强大，在企业经营分析、市场研究中经常使用，是一种非常实用的分析方法与工具。

还没等Mr.林把话说完，小白就迫不及待地说道： Mr.林，是什么分析方法让你这么大力推荐？赶快告诉我！

Mr.林： 我不是正要说嘛，你又把话抢过去了，认真听我继续介绍吧！我现在要介绍的这个方法就是矩阵关联分析法。

◉ 矩阵

矩阵分析，是指将事物的两个重要属性（指标）作为分析的依据，进行关联分析，找出解决问题的一种分析方法，也称为矩阵关联分析，简称矩阵分析法。

矩阵以属性A为横轴，属性B为纵轴，组成一个坐标系，在两坐标轴上分别按某一标准（可取平均值、经验值、行业水平等）进行象限划分，构成四个象限。将要分析的每个对象对应投射至这四个象限内，进行交叉分类分析，直观地将两个属性的关联性表现出来，进而分析每一个对象在这两个属性上的表现，如图5-16所示，因此它也称为象限图分析法。

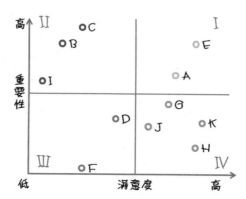

图5-16　2010年某公司用户满意度优先改进矩阵图

矩阵关联分析法在解决问题和资源分配时，可为决策者提供重要参考依据。先解决主要矛盾，再解决次要矛盾，有利于提高工作效率，并将资源分配到最能产生绩效的部门、工作中，有利于决策者进行资源优化配置。

下面我就用经典案例——用户满意度研究进行矩阵应用的介绍。如图5-16所示，该矩阵所示为2010年某公司用户满意度调查情况，通过矩阵能够非常直观地看出公司在各方面竞争的优势和劣势分别是什么，从而可合理分配公司有限的资源，有针对性地确定公司在管理方面需要提升的重点。所以在满意度研究中，此矩阵可称为优先改进矩阵或资源配置矩阵。从图5-16中可得到如下信息。

① 第一象限（高度关注区）：属于重要性高、满意度也高的象限。A、E两个服务项目落在这个象限中，这标志着用户对服务项目的满意度与其重要性成比例，即用户对公司提供某方面服务的满意程度与用户所认为此方面服务的重要程度相符合。对这个象限中的两个服务项目，公司应该继续保持并给予支持。

② 第二象限（优先改进区）：属于重要性高、满意度低的象限。B、C、I这三个服务项目落在这个象限中。这个象限标志着改进机会，用户对公司提供某方面服务的满意程度大大低于他们认为此方面服务的重要程度。公司必须谨慎地确定需要什么类型的改进，用户感觉与事实有时候一致，有时候并不一致，所以必须谨慎对待。如果确定确实是产品或服务存在问题，则要求进行改进，做好这几项服务，可以有效提高用户满意度，为公司赢得竞争优势。

③ 第三象限（无关紧要区）：属于重要性低、满意度也低的象限。D、F这两个服

务项目落在这个象限中。这个象限标志着用户对服务项目的满意度与其重要性成比例，也是用户对公司提供某方面服务的满意程度与他们认为此方面服务的重要程度相符合。对这个象限中的两个服务项目，公司应该进一步关注用户对其期望值的变化。

④ 第四象限（维持优势区）：属于重要性低、满意度高的象限。G、H、J、K这四个服务项目落在这个象限中。这个象限标志着资源过度投入，用户对公司提供某方面服务的满意程度大大超过了他们认为此方面服务的重要程度。这很可能是公司投入了比用户认可满意的结果更多的时间、资金和资源，如果可能，公司应该把在此区投入的过多的资源转移至其他更重要的产品或服务方面，如第二象限中的B、C、I三个服务项目上。

通过上述分析，我们可得知矩阵关联分析法非常直观清晰，用法也简便，在营销管理活动中应用广泛，对销售管理起到指导、促进、提高的作用，而且在战略定位、市场定位、产品定位、用户细分、满意度研究等方面都有较多的应用。

Mr.林：小白，刚才介绍的四个象限都代表什么意思，明白了吗？这对你完成牛董布置的员工满意度分析的任务是很有帮助的。

小白第一次见到这样的分析方法，一时还有点懵懂：还没全部理解，不过我把要点都记下来了，回去慢慢理解体会，再应用到我的员工满意度分析中去。

Mr.林：其实这么好的分析方法不用死记硬背，而且死记硬背也行不通，因为每个指标的含义都不一样，有的指标是越大越好，如利润率、市场占有率，而有的指标是越小越好，如用户离网率、折旧率等。切勿生搬硬套，需要理解矩阵分析法的精髓，万变不离其宗。只有掌握了其精髓，才能融会贯通，任何方面的分析研究都难不倒你。

小白在职场日记中记下：**切勿生搬硬套，需要理解各个分析方法的精髓，万变不离其宗。**

◉ 改进难易矩阵

Mr.林：小白，再问你一个问题，如果企业有较多的短板（需改进的指标）落在图5-16中的第二象限（优先改进区），虽然手心手背都是肉，而企业由于受自身拥有的资源（如人力、物力等）所限，只能先集中有限资源对某个短板进行改进，这时决策者该如何决策把资源投给哪个服务项目呢？

小白：我觉得应该增加一个指标来衡量，不过具体增加什么指标还要再想想。

Mr.林：对，我们可在原有两个指标的基础上，增加一个指标维度，例如改进难易程度。即企业可以集中有限的资源与精力先改进对企业来说既重要又比较容易改进的短板，如果有足够的资源，再改进相对较难改进的短板，对短板进行逐一击破，从而有效地进行短板的改进。

小白疑惑不解地问：那这个改进的难易程度该怎么确定呢？

Mr.林：这个问题问得好，关于改进的难易程度，这个指标数据并不能直接从用户那里获取，因为用户并不了解，而只能反映自己对该指标的满意程度。对于这项数据的获取，我们可以采用专家访谈法获取多位业内专家对各个指标改进难易程度的评价，最后综合各专家的评价以确定最终指标的改进难易程度。另外，也可以用我们之前介绍过的目标优化矩阵来确定难易程度，这与获取权重值的道理一样，通过比较改进的难度来获取其难易程度。

可采用气泡图来绘制改良后的矩阵，我们用改进难易矩阵来表示，如图5-17所示。

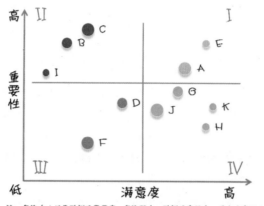

图5-17　改进难易矩阵示例

在这个例子里，图中气泡面积的大小代表着改进的难易程度，气泡越大，代表改进难度越大；气泡越小，代表改进难度越小。在改进难易矩阵中可快速准确地确定改进的先后次序，为企业进行短板改进提供有效的决策依据。在此例中，很明晰地为决策者指出应先改进I服务项目，其次是B，最后是C。当然有的决策者希望先挑战难度大的服务项目，那么改进的次序就变为先改进C，其次是B，最后才是I。

◉ 举一反三

在此再次强调，不能为了学方法而学方法，应该掌握其原理，并应用到学习或工作上。气泡图不仅可以用在用户满意度研究上，它同散点矩阵一样，用途广泛，是散点矩阵的延伸。

例如，经常有企业用利润率及市场占有率两个关键指标绘制产品矩阵，以衡量企业业绩的好坏，如图5-18所示。通过产品矩阵确实可以衡量业绩的好坏，但是它也存在不足，就是无法体现企业产品的真正贡献，比如公司内部各产品利润哪个最高，分别是多少？

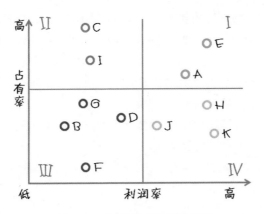

图5-18 某公司产品矩阵示例

虽然A产品市场占有率高，利润率也高，但是其贡献的利润可能不如C、I两种产品。我们可以参考改进难易矩阵，在图5-18产品矩阵的基础上，增加一个产品利润指标维度，构成产品战略发展矩阵，如图5-19所示。

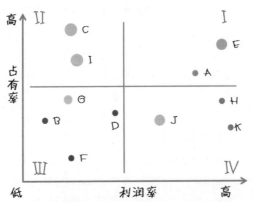

注：气泡大小代表利润，气泡越大，利润越大，反之利润越小。

图5-19 产品战略矩阵示例

★ 第一象限：虽然A产品的市场占有率、利润率都相对较高，但利润较小，需要继续关注其发展态势。

★ 第二象限：虽然C、I两种产品利润率相对较低，但其利润仍占公司利润一定的比重，需要继续维持。

★ 第三象限：虽然G产品市场占有率、利润率都相对较低，但其利润仍占公司利润的一定比重，同样需要继续维持；而B、F、D三种产品的市场占有率、利润率都相对较低，并且利润也较低，可考虑将产品战略转移至H、K等产品上。

★ 第四象限：虽然H、K产品的市场占有率相对较低，但其利润率高，有发展潜力，可提升其市场占有率，以提升公司利润总额。

所以我们在原有二维矩阵的基础上添加一个利润维度，以全面衡量每种产品，找出对公司贡献大的产品、成长中的产品和需淘汰的产品，优化公司产品结构和明确以后的工作方向。

Mr.林：小白，你看我们通过思考、研究，又发现了这样一个新矩阵，简称林式矩阵，如果是你发现的，那就可以简称白式矩阵了，呵呵！

只有通过举一反三，我们才能学以致用，能力才能得到提升，知识才能得到巩固，从而解决学习、工作中遇到的问题。

小白连连点头并在职场日记中记下了这样一句话：**只有通过举一反三，才能学以致用。**

5.1.8 综合评价分析法

Mr.林：小白，随着数据分析的广泛开展，分析评价对象越来越复杂，单纯从某个指标分析评价方法的局限性也越来越明显。经常会出现从这几个指标看甲单位优于乙单位，从那几个指标看乙单位优于丙单位，从其他指标看丙单位又优于甲单位的情况，使分析者难以评价到底孰优孰劣。

因此，通过对实践活动的总结，逐步形成了一系列运用多个指标对多个参评单位进行评价的方法，称为多变量综合评价分析方法，简称综合评价分析法。

综合评价分析法的基本思想是将多个指标转化为一个能够反映综合情况的指标来进行分析评价，如不同国家的经济实力，不同地区的社会发展水平，小康生活水平达标进程，企业经济效益评价等，都可以使用这种方法。

进行综合评价分析，主要有5个步骤，如图5-20所示。

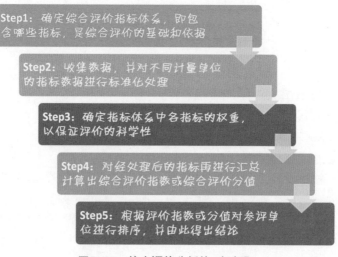

图5-20　综合评价分析的5个步骤

综合评价分析法主要有三大特点，如图521所示。

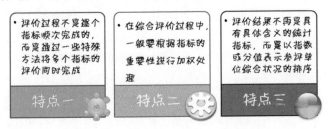

图5-21　综合评价分析法的三大特点

Mr.林：小白，下面我们就一起来学习一下综合评价分析法涉及的数据标准化与权重确定方法。

小白：呵呵，我时刻准备着呢！那您能不能讲解一下标准化方法呢？

Mr.林：什么是数据标准化？如何进行数据标准化？

数据的标准化是将数据按比例缩放，使之落入一个小的特定区间。在比较和评价某些指标时，经常会用到数据的标准化，去除数据的单位限制，将其转化为无量纲的纯数值，便于不同单位或量级的指标能够进行比较和加权。其中最典型的就是0-1标准化和Z标准化，在此我们就介绍一下0-1标准化法。

0-1标准化也叫离差标准化，就是对原始数据进行线性变换，使结果落到[0,1]区间，如图5-22所示。0-1标准化公式如下：

第*N*个经标准化处理的值=（第*N*个原始值-最小值）/（最大值-最小值）

原始数据	0-1标准化值
48	1.00
37	0.61
29	0.32
23	0.11
35	0.54
20	0.00
44	0.86
24	0.14
42	0.79

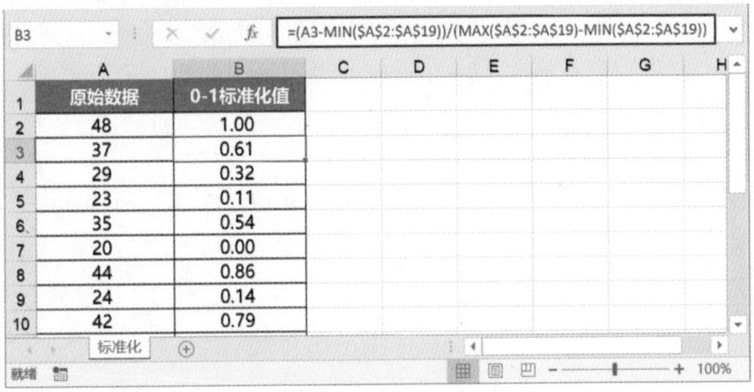

图5-22　数据0-1标准化示例

此方法有一个不足之处，就是当有新数据加入时，可能导致最大值和最小值发生变化，需要重新计算。

⊙ 权重确定方法

确定指标权重的方法较多，比如专家访谈法、德尔菲法、层次分析法、主成分分

析法、因子分析法、回归分析法等，这些方法都较为复杂，操作起来也相对困难，这里介绍一种比较简单的权重确定法，即目标优化矩阵表，如图5-23所示。

目标优化矩阵的工作原理就是把人脑的模糊思维，简化为计算机的1/0式逻辑思维，最后得出量化的结果。这种方法不仅量化准确，而且简单、方便、快捷。目标优化矩阵的用途是非常广泛的，它不但可以用于目标的优化，还可以用于任何项目的排序，如重要性排序等。

对于目标优化矩阵中涉及的权重数值，我们可以找几个有经验的或专业的人士，通过他们的投票表决来确定重要性，从而获知各项目的权重数值。

目标优化矩阵表的用法为：将纵轴上的项目依次与横轴上的项目进行对比，由专家进行投票表决。如果纵轴上的项目比横轴上的项目重要，那么在两个项目相交的格子中填"1"，否则填"0"，最后将每行数字相加，根据合计的数值进行排序。

假设现在对人才评价的指标有4个：人品、动手能力、创新意识、教育背景，公司HR需要对每个应试者打分，并计算综合得分，现需要确定这4个指标的权重，此时我们就可以利用目标优化矩阵表。现在我们就一起来看一下如何做。

首先，将人品、动手能力、创新意识、教育背景4个指标依次填入矩阵表的第1行及第1列，如图5-23所示。

	A	B	C	D	E	F	G
1	人才评价	人品	动手能力	创新意识	教育背景	合计	排序
2	人品						
3	动手能力						
4	创新意识						
5	教育背景						

图5-23　目标优化矩阵表示（例1）

其次，从纵轴的"人品"指标开始，与横轴的人品、动手能力、创新意识、教育背景这4个指标逐一进行比较：

★ 用"人品"对比"动手能力"，假设"人品"没"动手能力"重要，输入"0"。

★ 用"人品"对比"创新意识"，假设"人品"比"创新意识"重要，输入"1"。

★ 用"人品"对比"教育背景"，假设"人品"比"教育背景"重要，输入"1"。

"人品"对比完成之后，用"动手能力"向右依次对比，再用"创新意识"向右依次对比，最后用"教育背景"依次向右对比。

所有对比完成之后，将所有的分数横向相加，在"合计"列得出各项指标的得分：人品获2分，动手能力获3分，创新意识获1分，教育背景获0分，如图5-24所示。不过，小白同学，这里是假设的数据，不要对号入座呀。

人才评价	人品	动手能力	创新意识	教育背景	合计	排序
人品		0	1	1	2	2
动手能力	1		1	1	3	1
创新意识	0	0		1	1	3
教育背景	0	0	0		0	4

图5-24　目标优化矩阵表示例2

小白：嘿嘿，明白。

Mr.林：对比上述得分，各项指标的重要排序结果就出来了：①动手能力；②人品；③创新意识；④教育背景。这几项指标的重要程度依次下降。

我们可利用图5-24中的"合计"项结果来计算权重，由于教育背景为0分，但实际它还是应该占有一定比重的，所以我们可以在每项指标的"合计"的基础上加1，得到新的重要性合计得分，这样在不影响重要性的前提下，可以计算其权重：

某指标权重=（某指标新的重要性合计得分/所有指标新的重要性合计得分）×100%

Mr.林：小白，通过上述公式，我们就可以算出各个指标的权重了，这一招会了吗？很好用的，回去好好消化总结一下。

小白：太棒了，多谢Mr.林。

5.1.9　结构分解法

Mr.林：现状分析常用的数据分析方法已经介绍完了，现在开始学习原因分析常用的数据分析方法。小白，如果牛董问你为什么公司的收入、用户数在下降，你会怎么回答他？

小白：这个……我怎么知道为什么下降呀？

Mr.林：牛董问你的时候可不能这么说啊，作为他的助理哪能一问三不知呢，我来告诉你怎么查找下降的原因。针对这种数量类的指标，可以使用结构分解法进行指标变化的原因分析。

可采用逻辑树方式进行对比分析，它是将问题按项目组成结构进行分层罗列，从最高层开始，逐步向下扩展，如剥洋葱、剥笋一样，层层深入，如图5-25所示，分析项目构成的变化，直至找到问题所在。

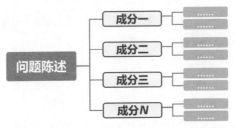

图5-25　结构分解示例

结构分解法采用金字塔形结构，可使业务结构的层次更分明、条理更清晰，简单明了地表达了各业务结构之间的关系。

例如公司4月收入比3月收入下降10%，牛董问你原因何在？这时我们就可以采用结构分解法，将4月收入与3月收入按照收入构成结构逐层拆分。如先按品牌构成拆分，然后再按地区拆分，层层深入，拆分出来后，对每个成分进行对比分析，就可以得知每个成分的变化，再结合成分本身的数量规模查找原因，如图5-26所示。

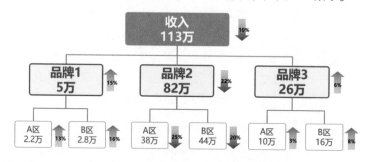

图5-26　收入变化结构分解法示例

通过结构分解法，我们可发现，公司4月收入比3月收入下降10%的主要原因为4月品牌2的收入相比3月下降22%，地区因素对收入下降没明显影响。还可以发现4月品牌1与品牌3的收入相比3月都有不同幅度的上升。

Mr.林：小白，现在你该知道怎么向牛董解释公司收入、用户数下降的原因了吧？

小白：知道了，用结构分解法真的是非常清晰直观。

5.1.10　因素分解法

Mr.林：小白，那如果牛董问你为什么公司4月用户规模相比3月在增长，但市场占有率在下降，你怎么回答他？

小白：这个……好像这时不能使用结构分解法了，那该用什么方法呢？

Mr.林：针对这种质量类的综合性指标，可以使用因素分解法进行指标变化的原因分析。

因素分解法把综合性指标分解为各个原始因素，主要用于分析有明确数量关联关系的各因素之间的变动对综合指标变动量的影响程度，从而确定影响指标变化的原因。

因素分析法的具体操作步骤如下。

（1）确定指标由哪些因素构成。

（2）确定各因素与指标的关系，如加、减、乘、除或函数等。

（3）测定、分析因素对指标变动的影响方向和程度。

杜邦分析法是因素分解法在财务方面的一个经典应用，它是利用各主要财务指标间的内在联系，对企业财务状况及经济效益进行综合分析评价的方法。

该体系以净资产收益率为起点，如图5-27所示。以总资产收益率和权益乘数为核心，重点揭示企业盈利能力及权益乘数对净资产收益率的影响，以及各相关指标间的相互影响关系，为各级管理者优化经营理财状况、提高公司经营效益提供了思路。提高总资产收益率的根本在于扩大销售、节约成本、优化投资配置、加速资金周转、优化资金结构、确定风险意识等。

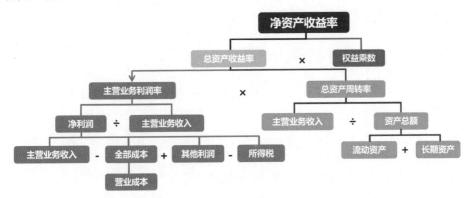

图5-27　杜邦分析体系示例

杜邦分析体系的特点是将若干个用以评价企业经营效率和财务状况的比率按其内在联系有机地结合起来，形成一个完整的指标体系，并最终通过权益收益率来综合反映。

Mr.林：小白，现在你该知道怎么向牛董解释公司4月用户规模相比3月在增长，而市场占有率下降的原因了吧？这时就可以采用因素分解法逐层查找原因，如图5-28所示。

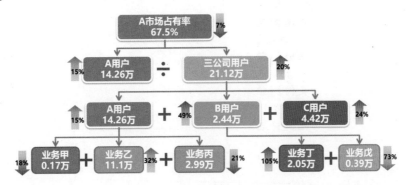

图5-28　市场占有率变化因素分解法示例

通过因素分解法，我们可发现A公司4月市场占有率下降的主要原因：

（1）B公司的业务丁相比3月有大幅增长，拉动B公司用户的增长。

（2）C公司的用户相比3月也有一定幅度的增长。

（3）A公司用户相比3月虽然也有15%的增长，但是与B、C公司相比，A公司用户增长幅度相对较小，从而使A公司的市场占有率相比3月下降7%。

（4）我们还可发现，A公司业务甲和业务丙相比3月都有所下降，而A公司的用户增长主要由业务乙拉动。

Mr.林：小白，看到没有，因素分解法是不是一个很好用的分析方法呢？因素分解法充分利用了对比分析原理，通过比较4月和3月的各个指标，找出问题所在。

小白：确实是，经您这么举例说明，就非常清楚了。

5.1.11　漏斗图分析法

Mr.林：小白，现在要介绍一个非常好用的原因分析方法，那就是漏斗图分析法，它以漏斗的形式展现分析过程及结果。也就是从业务流程角度进行对比分析，通过各环节变化查找指标变化的原因。

漏斗图是一个适合业务流程比较规范、周期比较长、各流程环节涉及复杂业务过程比较多的管理分析工具。为什么要在分析业务流程的时候使用漏斗图呢？因为漏斗图是对业务流程最直观的一种表现形式，并且也最能说明问题所在。通过漏斗图可以很快发现业务流程中存在问题的页面或环节。

例如漏斗图用于网站中某些关键路径的转化率的分析时，不仅能显示用户从进入流程到实现目标的最终转化率，同时还可以展示整个关键路径中每一步的转化率，如图5-29所示。

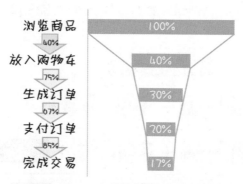

图5-29　网站转化率（漏斗图）

单一的漏斗图无法评价网站某个关键流程中各步骤转化率的高低。我们可以利用之前介绍的对比分析方法，对同一环节优化前后效果进行对比分析，或对同一环节不同细分用户群转化率做比较，或对同行业类似产品的转化率进行对比等。

漏斗图不仅能告诉我们用户在业务中的转化率和流失率，还可以告诉我们各种业务在网站中的受欢迎程度或重要程度。通过对不同业务的漏斗图进行对比，可以找出何种业务在网站中更受用户的欢迎或更吸引用户。只要你掌握了之前介绍的对比分析方法，就可以从不同业务角度，发现隐藏在其中的业务问题。

小白：嗯！

5.1.12　趋势分析法

Mr.林：小白，现状分析、原因分析对应的常用分析方法都已经学习完了，接下来就来学习预测分析的相关方法。

预测分析法是根据客观对象的已知信息，运用各种定性和定量的分析理论与方法，对事物未来发展的趋势和水平进行判断和推测的一种活动。预测分析常用的方法可以分为定性预测与定量预测两大类，如图5-30所示。

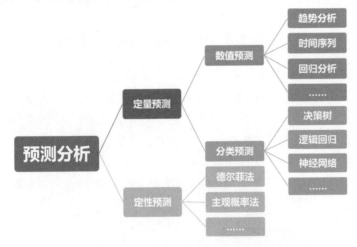

图5-30　预测分析常用方法分类

定性预测是指预测者依靠熟悉业务知识、具有丰富经验和综合分析能力的人员与专家，根据已掌握的历史资料和直观材料，运用个人的经验和分析判断能力，对事物的未来发展做出性质和程度上的判断。主要预测方法有德尔菲法、主观概率法等。

定量预测法是一种运用数学工具对事物规律进行定量描述，预测其发展趋势的方法。定量预测可以分为数值预测与分类预测。数值预测可用于用户数、收入、GDP、人口数等预测，主要使用时间序列、回归分析等方法进行预测。分类预测可用于用户是否流失、用户是否购买、用户是否会参与等行为进行预测，主要使用决策树、逻辑回归、神经网络等方法进行预测。其中数值预测是我们最常用的预测方法。

定性预测和定量预测并不是相互排斥的，而是可以相互补充的，在实际预测过程中应该把两者正确地结合起来使用。

进行预测分析时，需要记住一句话：业务为导向，技术为辅助。也就是说，预测分析的结果需要符合业务发展规律，相关的预测分析技术，如趋势分析法、回归分析、时间序列等方法得到的预测结果仅仅作为参考，需要根据相关的运营策略、资源配置等情况决定是否修正预测结果，并不是直接就采用它们的预测结果，否则预测的结果很可能脱离业务的实际情况。

所以进行预测，重点不在于使用多么高级的预测分析方法，而在于是否符合业务实际发展情况。有很多方法可以进行预测分析，例如趋势分析法、回归分析、时间序列分析等，我们主要学习如何用趋势分析法进行预测分析。

小白：好的。

Mr.林：趋势分析法是应用事物时间发展的延续性原理来预测事物发展趋势的。它有一个前提假设——事物发展具有一定的连贯性，即事物过去随时间发展变化的趋势，也是今后该事物随时间发展变化的趋势。只有在这样的前提假设下，才能进行趋势预测分析。

在Excel中可以使用预测工作表与趋势线两种功能进行趋势分析。

◎ 预测工作表

Mr.林：Excel 2016提供了预测工作表功能，它能够根据历史数据进行趋势预测。预测工作表要求输入相互对应的两个数据系列：一个数据系列中包含时间线的日期，另一个数据系列中包含对应的数据值，如用户数、收入等。

现在我们来看一个案例，国内每年都有一个非常有名的电商购物节，在这一天，人们都在疯狂地购物。如图5-31所示的数据表记录了从2009年至2017年这一天某电商公司的交易额，交易额的单位为亿元。

	A	B	C	D	E	F	G
1	交易日	交易额					
2	2009/11/1	0.52					
3	2010/11/1	9.36					
4	2011/11/1	52					
5	2012/11/1	191					
6	2013/11/1	350					
7	2014/11/1	571					
8	2015/11/1	912					
9	2016/11/1	1207					
10	2017/11/1	1682					

图5-31 某电商公司交易额示例

现在希望预测下一年的交易额是多少？

STEP 01 选择A1:B10单元格区域，单击【数据】选项卡，在【预测】组中，单击【预测工作表】按钮。

STEP 02 在弹出的【创建预测工作表】对话框中，在【预测结束】框中输入日期"2018/11/1"，其他选项保持默认设置，单击【创建】按钮，如图5-32所示。

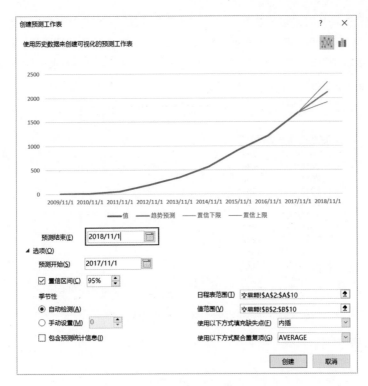

图5-32　【创建预测工作表】对话框

Excel将插入新的工作表，如图5-33所示。表中包含了原始数据，以及"趋势预测""置信下限""置信上限"三列预测数据，当然，还包括一个预测趋势图。趋势图中蓝色折线代表历史数据，橙色折线代表预测数据，可以看到，预测2018/11/1可实现的交易额为2122亿元。

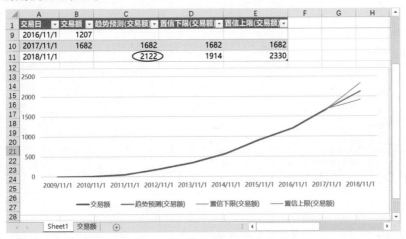

图5-33　预测结果示例1

预测工作表其实是基于函数FORECAST.ETS实现的，预测工作表只是把该函数菜单图形化了，使其用起来更加直观易懂。FORECAST.ETS函数的原理是基于历史数据，通过使用指数平滑（ETS）算法计算得出预测值。在B11单元格中输入"=FORECAST.ETS(A11,B2:B10,A2:A10)"，得到的预测结果是一样的，如图5-34所示。

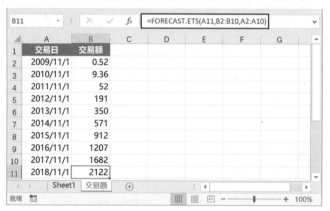

图5-34　预测结果示例2

小白： 原来是这样呀！

⊙ 趋势线

Mr.林： 趋势线是以图形方式显示数据变化趋势的，可以进行数据的预测。趋势线简单易用，通过趋势线可以非常直观地看出数据的变化趋势。在Excel中，提供了五种常用的趋势线：线性、对数、指数、乘幂、多项式，如图5-35所示。

趋势类型	模型	图示	特点
线性	$y = a + bx$ a为截距，b为斜率		增长或下降的变化量比较稳定
对数	$y = a + b\,ln\,x$ a、b为常量，ln为自然对数函数		初期增长或下降速度很快，然后趋于平稳
指数	$y = ae^{bx}$ a、b为常量，e为自然对数的底数		增长或下降速度持续增加，且幅度越来越大
乘幂	$y = ax^b$ a、b为常量		增长或下降速度比较稳定
多项式	$y = a + b_1x +$ $b_2x^2 + \cdots + b_6x^6$ a、b1……b6为常量		增长或下降的波动较多

图5-35　趋势线类型

使用决定系数R平方值可以判断趋势线的可靠性，R平方值的取值范围为0~1，表示趋势线预估值与对应的实际数据之间的接近程度。当趋势线的R平方值越接近1时，表示数据拟合效果越好，如果R平方值接近0，则趋势线预估值与实际数据之间几乎没有任何关系。

我们仍以图5-31所示的某电商公司交易额数据为例，使用趋势线预测下一年的交易额是多少。

STEP 01　选择B2:B10单元格区域，单击【插入】选项卡，在选项卡的【图表】组中，单击【散点图】。

Mr.林：我们可以观察绘制的散点图，如图5-36所示，数据呈现快速增长的趋势，可以考虑使用指数、多项式、乘幂三种趋势线。

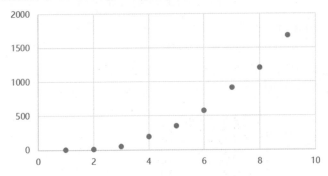

图5-36　交易额散点图示例

STEP 02　选择散点图中任一散点，单击鼠标右键，从快捷菜单中选择【添加趋势线】项。在弹出的【设置趋势线格式】窗格中，勾选【显示公式】、【显示R平方值】，然后分别单击【指数】、【多项式】、【乘幂】三项，观察各种趋势线与实际数据的重合程度，以及显示的R平方值，如图5-37所示。当选择【多项式】项时，拟合效果图如图5-38所示，趋势线与实际数据的重合程度最高，且R平方值为0.9989，拟合效果较好，故本例选择【多项式】项。

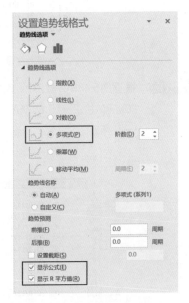

图5-37　【设置趋势线格式】窗格

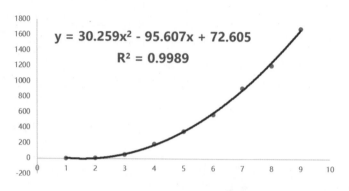

$$y = 30.259x^2 - 95.607x + 72.605$$
$$R^2 = 0.9989$$

图5-38 多项式趋势线拟合效果图

小白：图表中直接显示了趋势预测模型，那接下来是不是可以将新的自变量x代入模型进行预测了呢？可自变量x好像不是日期变量。

Mr.林：没错，注意观察图5-38所示的x轴的数值，1、2、3为自然数，所以我们需要再插入一列序号，如图5-39所示的A列，即为新插入的"序号"列。

序号	交易日	交易额
1	2009/11/1	0.52
2	2010/11/1	9.36
3	2011/11/1	52
4	2012/11/1	191
5	2013/11/1	350
6	2014/11/1	571
7	2015/11/1	912
8	2016/11/1	1207
9	2017/11/1	1682
10	2018/11/1	

图5-39 插入"序号"结果示例

STEP 03 根据图5-38中显示的趋势预测模型，在C11单元格中输入公式：=30.259*POWER(A11,2)-95.607*A11+72.605，即可得到下一年的预测值为2142，如图5-40所示。

C11 ▾ ✕ ✓ f_x =30.259*POWER(A11,2)-95.607*A11+72.605

序号	交易日	交易额
1	2009/11/1	0.52
2	2010/11/1	9.36
3	2011/11/1	52
4	2012/11/1	191
5	2013/11/1	350
6	2014/11/1	571
7	2015/11/1	912
8	2016/11/1	1207
9	2017/11/1	1682
10	2018/11/1	2142

图5-40 预测结果示例3

小白：这个预测值与刚才使用预测工作表得到的预测值2122还是比较接近的。

Mr.林：没错，再次强调，预测分析要以业务为导向，技术为辅助。

小白：好的，我记住了！

Mr.林：趋势分析法就学习到这里，后面有机会根据你的学习情况再向你介绍其他预测分析方法。

小白：好的。

5.1.13　高级数据分析方法

Mr.林：小白，刚才介绍的都是我们常用的基本数据分析方法，在工作中还会涉及一些高级的数据分析方法，以便解决更为复杂的业务问题，比如进行市场细分需要用到聚类分析、对应分析等高级数据分析方法。

因为你在工作中用到这些高级数据分析方法的机会较少，所以就不进行具体介绍了。我在下面给出各种分析用途所对应的可使用的高级分析方法索引供你参考，如图5-41所示，以便需要时有据可依，同时结合查阅相关资料进一步学习。

研究方向	数据分析方法
产品研究	相关分析、对应分析、判别分析、结合分析、多维尺度分析等
品牌研究	相关分析、聚类分析、判别分析、因子分析、对应分析、多维尺度分析等
价格研究	相关分析、PSM价格分析等
市场细分	聚类分析、判别分析、因子分析、对应分析、多维尺度分析、Logistic回归、决策树等
满意度研究	相关分析、回归分析、主成分析、因子分析、结构方程等
用户研究	相关分析、聚类分析、判别分析、因子分析、对应分析、Logistic回归、决策树、关联规则等
预测决策	回归分析、决策树、神经网络、时间序列、Logistic回归等

图5-41　高级数据分析方法索引表

小白：Mr.林，你考虑得真周到，连"后路"都为我考虑好了。

5.2　数据分析工具

Mr.林：小白，我们已经一起学习了如何确定分析思路、如何搭建整体的数据分析框架，以及分析问题时需要使用的数据分析方法，现在我们就来看看用数据分析工具如何进行数据分析。

在这里我要给你介绍一个Excel本身自带的数据分析工具，它的功能非常强大，在我看来它相当于万能钥匙，什么都能干，这个超级工具就是数据透视表。这么说可能有点夸张，但它至少能让你免去使用那些令人头疼的统计函数的烦恼，我们日常遇到的绝大多数数据分析问题都可以用它来解决。

小白：嗯，在之前介绍二维表转一维表、重复数据处理时，我已经见识了它的强大功能。

5.2.1 初识数据透视表

Mr.林继续说道：还记得我们在学习交叉表的时候举的一月和二月各地区水果销量的例子吗？

小白：当然记得，您教我的东西怎么敢忘呢？

Mr.林：记得就好，那个交叉表就是用数据透视表做出来的。

小白：哦，那到底什么是数据透视表呢？

Mr.林：数据透视表就是对Excel数据表中的各字段进行快速分类汇总的一种分析工具，它是一种交互式报表。利用它，我们可以方便地调整分类汇总的方式，灵活地以多种不同的方式展示数据的特征。

一张数据透视表仅靠鼠标拖动字段位置，即可变换出各种类型的分析报表。用户只需指定所需分析的字段、数据透视表的组织形式，以及计算的类型（求和、计数、平均等）即可。如果原始数据发生更改，则可以刷新数据透视表来更改汇总结果。

数据透视表综合了数据排序、筛选、分类汇总等数据处理功能；同时，数据透视表也是解决函数公式运算速度瓶颈的有效手段之一。因此数据透视表是最常用、功能最全的Excel数据分析工具之一。

下面列出了一些与数据透视表相关的术语，如图5-42所示。

术语	内容
轴	数据透视表中的一个维度，例如行、列或页
数据源	创建数据透视表的数据表、数据库等
字段	数据信息的种类，相当于数据表中的列
字段标题	描述字段内容的标志，可通过拖动字段标题对数据透视表进行透视分析
透视	通过改变一个或多个字段的位置来重新安排数据透视表
汇总函数	Excel用来计算表格中数据的值的函数。数值和文本的默认汇总函数分别是求和与计数
刷新	重新计算数据透视表，以反映目前数据源状态

图5-42 数据透视表相关术语

5.2.2　数据透视表创建三步法

Mr.林： 现我们以图5-12中所示的一月和二月各地区水果销量数据为例，学习如何创建一个简单的数据透视表。

STEP 01 单击F1单元格，单击【插入】选项卡，在【表格】组中单击【数据透视表】按钮。在弹出的【创建数据透视表】对话框的【选择一个表或区域】中选择数据源单元格范围"数据!$A:$D"，在【选择放置数据透视表的位置】栏中已自动设置为【现有工作表】"数据!$F$1"，单击【确定】按钮，如图5-43所示。

图5-43　【创建数据透视表】对话框

数据透视表的数据源可以选择一个区域，也可以选择几整列数据。如果你需要经常更新或添加数据，那么建议选择几整列。当增加新数据的时候，只要刷新数据透视表即可，不必重新选择数据源。在本例中，选择A列至D列数据作为数据源。

另外，如果数据源较少、维度较少，则可选择现有工作表；如果数据较多，维度较多，则可选择新建工作表，在新的工作表中进行数据透视表的制作。

STEP 02 拖动字段进行数据分析。在弹出的【数据透视表字段】窗格中，将需要汇总的字段拖动至相应的【行】、【列】、【值】区域，本例将"地区"字段拖至【行】区域，将"水果"字段拖至【列】区域，将"销量"字段拖至【值】区域，如图5-44所示。

图5-44　【数据透视表字段】窗格

131

STEP 03 单击【值】区域中的"销量"字段，单击弹出菜单中的【值字段设置】，在弹出的【值字段设置】对话框中，把值字段汇总方式的【计算类型】设置为【求和】，如图5-45所示。

图5-45　【值字段设置】对话框

Mr.林：最终创建的数据透视表如图5-46所示。小白，你看这不就是我们之前介绍过的各地区水果销量交叉表吗？当然也可以将"地区"与"水果"两个字段的位置进行互换，结果是一样的，只是展示的方式不一样，可根据自己的需求与喜好进行数据透视表布局的设置。

图5-46　数据透视表效果示例

Mr.林：小白，你看，创建一个数据透视表是不是很简单？回去多练几次就能熟练掌握并使用了。

小白：确实没有想象中的难，我一定多多练习。

Mr.林：如果数据字段足够多，我们还可继续把剩余的字段，根据汇总的需求，拖动至【行】、【列】或【筛选】区域，形成多维交叉表。当然维度越多，透视表的结果也将越复杂，分析起来越困难，所以一般只做到二维交叉表形式。如果再继续添加维度的话，建议根据分析的目的慎重选择，否则可能会给自己带来不必要的麻烦。

小白：好的。

5.2.3 数据透视表分析实践

Mr.林：关于数据透视表的理论知识基本介绍完了，小白，我们现在就看看在具体工作中如何利用数据透视表进行数据分析。以图5-47所示的2010年某公司文具销量明细数据为例，我们需要从此表中了解以下几个关于公司运营的问题：

（1）2010年总销量是多少？总销售额是多少？

（2）2010年A、B、C三地区销量及销售额各是多少？

（3）2010年哪种产品销量最好？哪种产品销量最差？

（4）2010年各业务员中谁的业绩（销售额）最好？谁的业绩（销售额）最差？

（5）2010年公司哪个月的业绩（销售额）最好？哪个月的业绩（销售额）最差？

（6）另外，老板需要单独了解2010年B地区业务员王五的钢笔销量是多少？

	A	B	C	D	E	F	G	H
1	日期	地区	业务员	品名	销量（个）	单价（元）	销售额（元）	
2	2010/1/6	A	张三	订书机	95	25	2375	
3	2010/1/23	B	王五	钢笔	50	35	1750	
4	2010/2/9	B	周六	钢笔	36	35	1260	
5	2010/2/26	B	周六	笔记本	360	15	5400	
6	2010/3/15	C	田七	订书机	600	25	15000	
7	2010/4/1	A	李四	铅笔	930	0.5	465	
8	2010/4/18	B	周六	订书机	740	25	18500	
9	2010/5/5	B	周六	钢笔	960	35	33600	
10	2010/5/22	C	田七	钢笔	530	35	18550	

文具销量明细表

图5-47　2010年某公司文具销量明细表

Mr.林一脸坏笑地说道：小白，现在该换你来给我讲讲如何使用数据透视表回答以上6个问题了。

小白明显底气不足：好吧，那我只好关公面前耍大刀——献丑了。

第一个问题，在插入数据透视表时弹出的【数据透视表字段】窗格中，将"销量"与"销售额"两个字段拖至【值】区域，把"销量"与"销售额"字段汇总方式在它们各自的【值字段设置】对话框中都设置为【求和】，如图5-48所示。所以2010年总销量为12146个，总销售额为227975元，Mr.林，是这样操作吗？

Mr.林：没错，非常正确，请继续你的表演。

经过初次尝试成功，小白的信心明显增加：第二个问题其实只需在第一个问题的数据透视表中增加一个"地区"维度，也就是将"地区"字段拖至【行】区域，所以2010年A、B、C三地区销量及销售额如图5-49所示，从此数据透视表中我们一样可以知道2010年总销量为12146个，总销售额为227975元。

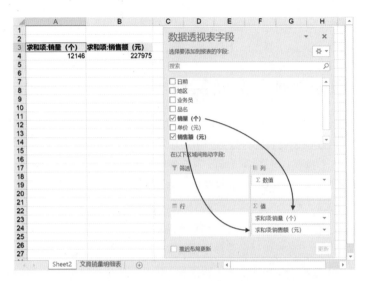

图5-48　2010年某公司文具总销量、销售额计算示例

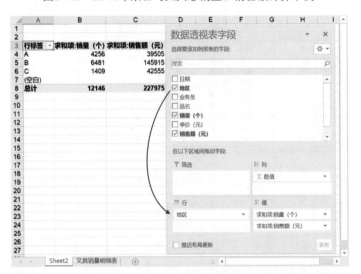

图5-49　2010年某公司各地区文具总销量、销售额计算示例

Mr.林：很不错啊！继续第三个问题。

经过前两次的数据透视表操作，此时小白已信心十足： OK。

第三个问题：在插入数据透视表时弹出的【数据透视表字段】窗格中，将"销量"字段拖至【值】区域，把"销量"字段汇总方式在【值字段设置】对话框中设置为【求和】。将"品名"字段拖至【行】或【列】区域，计算效果都是一样的，只是布局稍微不一样。在这个例子中，我就选择拖至【行】区域吧，如图5-50所示，2010年铅笔的销量最多，笔记本的销量最少。

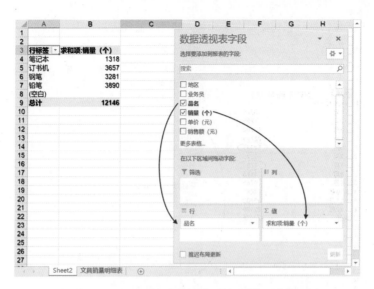

图5-50　2010年某公司各种文具产品销量计算示例

第四个问题：同第三个问题的原理一样，在插入数据透视表时弹出的【数据透视表字段】窗格中，将"销售额"字段拖至【值】区域，把"销售额"字段汇总方式在【值字段设置】对话框中设置为【求和】，将"业务员"字段拖至【行】区域，如图5-51所示，2010年业务员周六的业绩最好，业务员张三的业绩最差。

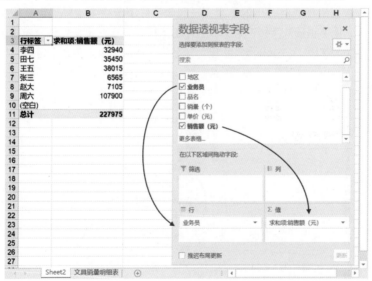

图5-51　2010年某公司业务员业绩计算示例

第五个问题，由于原始数据中没有直接给出月份信息，但是提供了日期字段，将"日期"字段拖至【行】区域，Excel 2016将自动按月进行分组，将"销售额"字段拖至【值】区域，把"销售额"字段汇总方式在【值字段设置】对话框中设置为【求和】，如图5-52所示，2010年公司5月的业绩最好，7月的业绩最差。

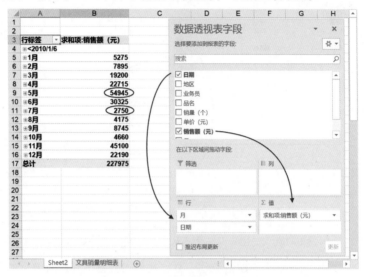

图5-52　2010年某公司各月业绩计算示例

Mr.林：非常棒！小白，你把所学的知识融会贯通了，很不错啊！还有最后一个问题。

小白有点不好意思了，继续说： 至于第六个问题，要用到筛选功能。

在插入数据透视表时弹出的【数据透视表字段】窗格中，将"销量"字段拖至【值】区域，把"销量"字段汇总方式在【值字段设置】对话框中设置为【求和】，分别将"地区"字段、"业务员"字段、"品名"字段拖至【筛选】区域，如图5-53所示。

　　　　图5-53　2010年某公司业务员王五业绩（方式二操作示例）

在B1单元格"品名"右侧的下拉菜单中，选择【钢笔】，单击【确定】按钮，如图5-54所示。用同样的方法在"业务员"项中选择【王五】，在"地区"项中选择【B】地区，最后得到如图5-55所示的结果，很明显，2010年B地区王五的钢笔销量为282支。

图5-54　数据透视表字段筛选示例

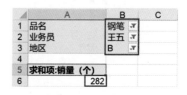

图5-55　2010年某公司业务员王五的业绩

Mr.林：非常不错。看来你已经基本掌握如何利用数据透视表进行数据分析了，回去后还需要多加练习，这样才可以熟能生巧。

小白听到Mr.林的称赞，心里美滋滋的，嘴上还是很谦虚：还是您教导有方，多谢您啦！

5.2.4　数据透视表小技巧

Mr.林：小白，通过数据透视表我们可以得知公司业务整体运营、个人业绩完成等具体数值信息。此外，我们还需要了解公司业务结构以及增长情况，所以需要在刚才数据透视表计算得到的数据的基础上进一步计算百分比、环比、同比等数据，也就是需要运用结构分析法、对比分析法来分析公司业务运营情况。

小白，如果是你，你会怎么做？

小白：那就直接把数据透视表计算好的结果复制出来，再用加减乘除进行计算呗！

Mr.林：你这个方法可行，不过有点麻烦。而且如果数据有更新时，需要手工重新进行复制粘贴操作。我教你一个更简单的方法，就是直接在数据透视表中进行计算。如果以后更新了数据，也可以直接刷新数据透视表，就可得到最新的计算结果了。

小白兴奋地说：好啊！

◉ 百分比计算

Mr.林：第一个就是百分比的计算。例如刚才已经计算了2010年A、B、C三地区销量及销售额，那我们需要进一步了解三个地区的销售额占比数据，也就是哪个地区贡献大，贡献了多少份额？我们在图5-49的基础上进行操作。

STEP 01 继续将"销售额"字段拖至【值】区域，把"销售额"字段汇总方式在【值字段设置】对话框中设置为【求和】。

STEP 02 在刚得到的"销售额"求和数据范围内的任一单元格中单击鼠标右键，从快捷菜单中选择【值显示方式】项，再选择【列汇总的百分比】项，将标题名命名为"百分比"，即可得到如图5-56所示的结果。

	A	B	C	D
1	行标签 ▾	求和项:销量（个）	求和项:销售额（元）	百分比
2	A	4256	39505	17.33%
3	B	6481	145915	64.00%
4	C	1409	42555	18.67%
5	(空白)			0.00%
6	总计	12146	227975	100.00%

图5-56　2010年某公司各地区业务收入占比

◉ 同比、环比计算

Mr.林：因为我们的示例中数据有限，在此只介绍环比计算，同比计算与环比计算的原理是一样的。我们以2010年每月销售额计算为例，如图5-52所示，计算各月的环比数据。

STEP 01 继续将"销售额"字段拖至【值】区域，把"销售额"字段汇总方式在【值字段设置】对话框中设置为【求和】。

STEP 02 在刚得到的"销售额"求和数据范围内的任一单元格中单击鼠标右键，从快捷菜单中选择【值显示方式】项，再选择【差异百分比】项。

STEP 03 在弹出的【值显示方式（百分比）】对话框中，如图5-57所示，设置要计算差异百分比的【基本字段】、【基本项】。【基本字段】项选择"月"，【基本项】项选择"（上一个）"，也就是环比的意思，单击【确定】按钮，将标题名命名为"环比"，得到的结果如图5-58所示。

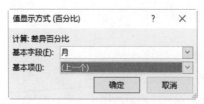

图5-57　【值显示方式（百分比）】对话框

Mr.林：如果有两年以上的数据，可在图5-58的基础上，在分组"月"中的任一单元格中单击鼠标右键，从快捷菜单中单击【组合】项，在弹出的【组合】对话框中，将"年"选上，单击【确定】按钮，如图5-59所示。

	A	B	C
1	行标签 ▾	求和项:销售额（元）	环比
2	⊞<2010/1/6		
3	⊞1月	5275	
4	⊞2月	7895	49.67%
5	⊞3月	19200	143.19%
6	⊞4月	22715	18.31%
7	⊞5月	54945	141.89%
8	⊞6月	30325	-44.81%
9	⊞7月	2750	-90.93%
10	⊞8月	4175	51.82%
11	⊞9月	8745	109.46%
12	⊞10月	4660	-46.71%
13	⊞11月	45100	867.81%
14	⊞12月	22190	-50.80%
15	总计	227975	

图5-58　2010年某公司各月业绩环比计算示例

图5-59　【组合】对话框

这时透视表分组中就会多出一个"年"分组。然后在【值显示方式（百分比）】对话框中的【基本字段】项中选择"年"，在【基本项】项中选择"（上一个）"，如图5-60所示，即可进行每月的同比数据计算。

图5-60　【值显示方式（百分比）】对话框

◎ 数据分组统计

Mr.林：小白，刚才在计算每月数据时，已经使用了组合功能进行日期数据的分组，其实它可以对日期型、数值型、文本型数据进行分组。

★　日期型：可分组的维度有年、季度、月、日、小时、分、秒。

★　数值型：按照一定的组距（步长）进行等距分组，但它没有VLOOKUP分组灵活，VLOOKUP可进行不等距分组。

★　文本型：可根据需要自行选择需要分组的项进行分组，需要手动一个个单击，再用右键菜单中的【组合】命令进行分组。

我们已经学过了日期分组，现在来学习数值型数据的分组统计。我们就以图5-61所示的年龄分组为例，介绍数据透视表分组的操作。

STEP 01　选择数据区域A:G列创建数据透视表，并放置在新工作表中。

STEP 02　将"年龄"字段拖至【行】区域。

STEP 03　在刚得到的"年龄"行分组范围内的任一单元格中单击鼠标右键，在弹出的快捷菜单中选择【组合】项。

图5-61　员工信息表示例

STEP 04 在弹出的【组合】对话框中，如图5-62所示，确认起始日期、终止日期是否正确，【步长】设置为5，单击【确定】按钮。然后将"工号"字段拖至【值】区域，即可得到如图5-63所示的结果。

图5-62　【组合】对话框

图5-63　组合计算结果

注意：

①　组合功能是在Excel 2007及以上版本中才提供的功能，在Excel 2007和Excel 2016版中使用"组合"名称，在Excel 2010和Excel 2013版中使用"创建组"名称。组合功能在xlsx文件中才能使用，否则即使使用的是Excel 2007及以上版本，但如果是以xls为后缀的文件，依旧无法使用该功能。

②　如果需要对数值进行分段或对日期进行分日、分月、分年操作，那么该分组字段需要是数值型数据或日期型数据，否则无法进行分组操作。

小白： Mr.林，您介绍的这几个小技巧都很实用啊！不过我有一个问题，为什么做出来的透视表分组中都有"空白"项？可不可以去掉？

Mr.林：这是因为我在选择数据区域范围的时候，选的是整列，除了数据外，下面都是空白，所以有"空白"项，在【行标签】下拉框中取消勾选"空白"项即可。不过这样操作会产生新的问题，当分组字段有新的分组类别加入时，更新数据透视表后，新的分组类别是不会显示出来的，需要手动勾选。

小白： 原来是这样啊。

Mr.林：另外，数据透视表还有"计算字段""计算项""切片器"等实用功能，我就不一一进行介绍了，你可在实际操作中进行探索研究。

小白： 好的，我先记下来，等用到的时候我再来学习。

5.2.5　多选题分析

Mr.林：小白，现在你知道怎么用数据透视表去完成员工满意度调查分析了吗？

小白：基本上会了。不过还有一个问题，对于员工满意度调查中的单选题我已经知道怎么分析了，但是多选题怎么分析呢？

Mr.林：一般情况下，单选题通过计数方式来统计汇总各个选项选择的人数。因多选题的录入方式决定了其统计方式较为困难，而且会与其他行为、背景等方面的字段数据脱离联系。多选题如果继续采用单选题的计数汇总方式，只能统计到总体情况，而无法进行交叉分析，即无法对问题进行进一步分解以探寻其真相。

不过我们可变换一下汇总方式，比如用求和的汇总方式进行计算，那么多选题录入的数据要求必须是以0、1方式输入的，即选择此项输入"1"，没选则输入"0"。小白，你可以想象一下，如果有20人选了A项，那么就有20个1，加起来就等于20，不就可以统计选择此项的人数了吗？这样我们就可以进行多选题的数据分析了。

现在就通过实例来学习如何应用数据透视表进行多选题的分析。现有用户品牌知名度调查，让用户从A、B、C、D、E五个品牌中选择听说过的品牌，可多选，调查结果如图5-64所示。

	A	B	C	D	E	F	G	H	I
1	编号	性别	年龄	学历	A	B	C	D	E
2	10001	男	35	大学	1	0	1	0	1
3	10002	女	26	大学	1	1	1	0	0
4	10003	女	22	中专	0	1	1	1	0
5	10004	女	28	大学	1	0	1	1	0
6	10005	男	40	高中	0	1	0	1	1
7	10006	女	36	高中	1	0	1	0	1
8	10007	女	41	高中	0	1	0	1	1
9	10008	女	45	大学	1	1	1	0	1
10	10009	女	50	中专	1	1	0	1	0

多选分析

图5-64　多选题分析数据示例

现在我们要了解以下问题：

（1）用户对品牌整体知名度的了解情况是怎样的？哪个品牌的用户知名度高？哪个品牌的用户知名度低？

（2）不同性别的用户对品牌的认知度是否有差异？

（3）不同年龄段的用户对品牌的认知度是否有差异？

（4）不同学历的用户对品牌的认知度是否有差异？

Mr.林：小白，再给你一次表现的机会，就用我刚才说的求和方式进行统计汇总。

小白这时对数据透视表的使用已经是轻车熟路了，爽快地答应：好的。

第一个问题：在插入数据透视表时弹出的【数据透视表字段】窗格中，将A、B、C、D、E五个品牌字段拖至【值】区域，这时我们可以看到统计汇总的结果都为30，如图5-65所示。这只能说明30行数据都有录入，但无法得出每个品牌被选择的次数，再一次证明Mr.林您刚才说的用计数方式进行多选题的分析是不可行的。

图5-65　多选题整体分析结果示例1

我们继续把A、B、C、D、E五个品牌字段的汇总方式在它们各自的【值字段设置】对话框中均设置为【求和】，如图5-66所示。

　　　　　图5-66　多选题整体分析结果示例2

通过数据透视表的分析，我们可以得知，B、C、D三个品牌的知名度在用户认知中比A、E高，E品牌知名度相对较低。

第二个问题：同样只需在第一个问题的数据透视表中增加一个"性别"维度，也就是将"性别"字段拖至【行】区域，如图5-67所示。

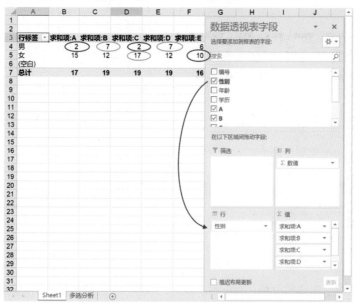

图5-67　多选题性别分析结果示例

通过数据透视表的分析，我们得知，B、D、E三个品牌的知名度在男性用户中相对较高，而A、C两个品牌的知名度相对较低；A、C两个品牌的知名度在女性用户中相对较高，而B、D、E三个品牌的知名度相对较低。

第三个问题：由于原始数据中没有直接给出年龄段信息，需要新增一个"年龄段"分组字段，可利用VLOOKUP函数根据"年龄"字段进行年龄段的分组，如图5-68所示。

	A	B	C	D	E	F	G	H	I	J	K	L	M
1	编号	性别	年龄	学历	A	B	C	D	E	年龄段		阈值	分组
2	10001	男	35	大学	1	0	1	0	1	中年		0	青年
3	10002	女	26	大学	1	1	1	0	0	青年		30	中年
4	10003	女	22	中专	0	1	1	1	0	青年		50	老年
5	10004	女	28	大学	1	0	1	0	0	青年			
6	10005	男	40	高中	0	1	0	1	1	中年			
7	10006	女	36	高中	1	1	0	1	1	中年			
8	10007	女	41	高中	0	1	1	1	0	中年			
9	10008	女	45	大学	1	1	1	1	1	中年			
10	10009	女	50	中专	1	0	1	0	1	老年			
11	10010	女	52	中专	0	1	0	1	0	老年			
12	10011	女	36	研究生	0	1	1	0	1	中年			
13	10012	女	42	大学	1	0	1	1	0	中年			

J5　=VLOOKUP(C5,$L$1:$M$4,2)

图5-68　多选题年龄段分组分析示例

选择增加"年龄段"字段的新数据，在插入数据透视表时弹出的【数据透视表字段】窗格中，将A、B、C、D、E五个品牌字段拖至【值】区域，把这几个字段的汇总方式在它们各自的【值字段设置】对话框中均设置为【求和】，将"年龄段"字段拖至【行】区域，如图5-69所示。

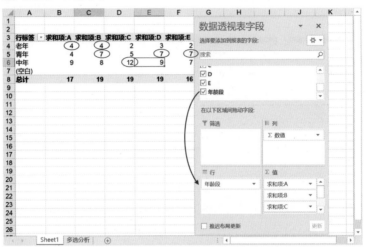

图5-69　多选题年龄段分析结果示例

通过数据透视表的分析，我们可以得知，A、B两个品牌的知名度在老年用户中相对较高，B、D、E三个品牌的知名度在青年用户中相对较高，C品牌的知名度在中年用户中相对较高。

第四个问题：同样只需在第一个问题的数据透视表中增加一个"学历"维度，也就是将"学历"字段拖至【行】区域，如图5-70所示。

　图5-70　多选题学历分析结果示例

通过数据透视表的分析，我们可以得知，各品牌的知名度在不同学历人群间的差异不明显。

Mr.林微笑着说：小白，很好，数据处理及数据分析的相关知识都掌握得不错。

小白脸红着说：把人家夸得都不好意思了！

5.3 本章小结

Mr.林：小白，关于数据分析方法及工具今天就先介绍这么多，现在我们来简要回顾一下今天学过的知识。

小白：好的。

Mr.林：今天介绍的数据分析方面的知识主要有如下几点。

★ 数据分析三大作用对应的基本分析方法，以及对应的对比分析、分组分析、结构分析、分布分析、交叉分析、RFM分析、矩阵关联分析、综合评价分析、结构分解、因素分解、漏斗图分析、趋势分析等数据分析方法。

★ 了解了Excel中数据分析工具——数据透视表，并且通过三个实用的数据透视表小技巧，快速掌握了如何利用数据透视表实现多选题的分析。

小白：好的，今天辛苦您了，下班后我一定好好复习，牛董的作业我知道要怎样完成了。

Mr.林：OK，有问题再来找我。

第6章

给数据量体裁衣，数据展现

揭开图表的真面目

表格也疯狂

给图表换装

小白按Mr.林传授的数据分析方法及数据透视表分析工具，熬了几天终于弄出了员工满意度数据分析的结果。她压抑不住内心的激动，满怀期待地将几十页表格交给了牛董。不料牛董扫了一眼，龙颜大怒："你这是要我在蚂蚁里面挑芝麻吗？给我重新修改。"

小白傻眼了，一筹莫展，只好再回来请教Mr.林。

Mr.林首先跟小白介绍了"电梯法则"，于是，小白在职场日记中记下了这样一句话：**让老板在30秒内读懂你的数据。**

电梯法则：即"麦肯锡30秒电梯理论"，来源于麦肯锡公司一次沉痛的教训。该公司曾经为一家重要的大用户做咨询。咨询结束的时候，麦肯锡的项目负责人在电梯间遇见了对方的董事长，该董事长问项目负责人："你能不能说一下现在的结果呢？"由于该项目负责人没有准备，而且即使有准备，也无法在电梯从30层到1层的30秒钟内把结果说清楚。最终，麦肯锡失去了这一重要用户。

Mr.林继续说道：你有没有想过怎样让老板快速理解你的数据报告？需要用图表说话，那么如何用图表说话？一般常用的图表基本类型都有哪些？它们各有什么特点？一般在什么情况下使用？最后，图表的高级应用你知道多少呢？

小白哑口无言，悔恨地想起一句话"书到用时方恨少"，还是十分委屈：以前也在图书馆借过"Excel宝典"之类的书，但每本都400多页，从单元格讲起，我就望而生畏了。其实我只想解决几个小问题，这么厚一本书砸下来"这不是狗抓刺猬——无从下手"吗？

Mr.林：的确，专业书籍里面的内容太细了，有很多知识在工作中并不会经常用到。接下来我带你看看图表的真面目，只需要一个小时就能基本解决你工作中遇到的所有图表问题！

6.1　揭开图表的真面目

Mr.林：小白，下面我们从图表的作用、类型以及如何选择图表三方面来揭开图表的真面目。

6.1.1　图表的作用

Mr.林：我们先来了解图表在我们的工作、学习中有什么作用。使用图表来展示数据主要有三个作用。

◉ 表达形象化

使用图表可以化冗长为简洁，化抽象为具体，化深奥为形象，使读者或听众更容易理解主题和观点。

◉ 突出重点

通过对图表中数据的颜色和字体等信息的特别设置，可以将问题的重点有效地传递给读者或听众。

◉ 体现专业化

有利于传递制图者专业、敬业、值得信赖的职业形象。专业的图表会极大地提升职场竞争力，为个人发展加分，为成功创造机会。

6.1.2　经济适用图表有哪些

Mr.林：小白，咱们先做一个测试，你知道学习、工作中经常用到的图表有哪些吗？

小白想起自己在报刊、杂志、网站上见到的许许多多千奇百怪的图表，回答：我还真留意过很多图表，它们可以归为几类，比如饼图、柱形图、条形图、折线图等。

Mr.林：还有吗？

小白歪着头，凝思了片刻：实在想不起来了……

Mr.林：还有散点图，最后不要忘了，还有一个最普通的——表格，我们常说的图表就是图形+表格，如图6-1所示。这些都是我们学习和工作中经常用到的。其实大部分复杂的图表都可以由图6-1所示的饼图、条形图、柱形图、折线图、散点图、表格六类基本图表衍生而来。

图6-1　经济适用图表类型

简单的往往是最有效的，简单的图表往往更能有效、形象、快速地传递信息。

小白：嗯，现在流行的"经济适用男"也是同样的道理，简单实用才是真理，不妨称这六类图表为"经济适用图表"吧，哈哈！

Mr.林笑道：亏你想的出来，那你知道这些"经济适用图表"都在什么情况下使用吗？只有理解了这个问题，才可以用图表清晰地表达你所要展现的主题和内容，用图表说话就不像以前一样困难和纠结了。

小白耍了个鬼脸：不知道呀，但我知道您接下来会讲的。

6.1.3　通过关系选择图表

Mr.林有点哭笑不得：下面我就教你数据图表化第一招——通过数据间的关系来选择图表。

大部分数据之间的关系可以归纳为以下六种类型：成分、排序、时间序列、频率分布、相关性、多重数据比较。

◉ 成分

成分也叫作构成，用于表示部分与总体之间的关系，成分关系一般情况下用饼图表示。

这点好理解，好比一对小情侣吃一个比萨，假如比萨被均匀切成了4块，女生先吃了1块，也就是女生先吃了整个比萨的25%，这就是成分关系，如图6-2所示。这样的部分与总体关系用一个饼图表示最好不过了。

图6-2　某对情侣食用比萨的饼图示例

除了饼图外，还有什么图可以表示成分呢？如图6-3所示，圆环图、柱形图、条形图、树状图都可以表示成分关系。如果数据中的类别较少，例如只有男、女两个类别，可以考虑使用圆环图进行展现；如果数据中的类别较多，例如10个以上，可以考虑使用树状图进行展现。

图表作用	图表类型					
	饼图	柱形图	条形图	折线图	气泡图	其他
成分 （整体的一部分）						
分布 （数据频次分布）						
排序 （数据间比较）						
趋势 （时间序列）						
相关 （数据间关系）						
多重数据比较						

图6-3　常用图表类型与作用

小白很诧异：柱形图也能表示成分关系？

Mr.林一脸神秘：当然能啦！打开Excel，单击【插入】→【图表】项，查看柱形图所有的图表，你会发现有一个"百分比堆积柱形图"，何谓百分比，不就是表示成分吗？现在还可以用百分比堆积柱形图来表示几对情侣吃比萨的情况，如图6-4所示。

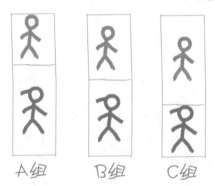

图6-4　三对情侣食用比萨柱状图示例

Mr.林：小白，你能看出哪一组情侣中的女生饭量最大吗？很明显是A组情侣中的女生饭量大，有意思吧？

同样的道理，横坐标还可以是时间维度，表示某对情侣饭量占比随时间变化的情况，可以根据所要表达的主题来选择数据及维度。

Mr.林知道小白最爱吃比萨，果然严重勾起了小白的味蕾和兴趣，小白现在满脑子装的都是比萨：我能不能用多个饼图来表示几对情侣吃比萨的情况呢？

Mr.林：当然可以，但是要考虑到读者是否能快速看懂你的图，不能让他们花费大量时间寻找两张图的直接关系。咱们这个例子中只有男女两个类别，如果分类再多一点的话，那就要把你的读者或老板累坏了。

◉ 排序

Mr.林：小白，成分关系搞清楚了吗？下面我们要开始介绍第二种数据关系：排序。

排序，顾名思义，就是根据需要比较的项目的数值大小进行排列，也就是可以按数值从大到小降序排列，或者从小到大升序排列。还是那句话，根据你要表达的主题作图。排序可用于不同项目、类别间数据的比较。

例如，对2010年某集团各分公司年度业绩进行降序排序，如图6-5所示。很容易看到，该集团2010年业绩前三名是A、C、G三个分公司，当然从图中也能知道最后三名，甚至随意指定某个分公司，其业绩与排名也是非常容易得知的。从图6-3中能看到，可排序的图表有柱形图、条形图、气泡图、帕累托图，这些都放在后面教你吧。

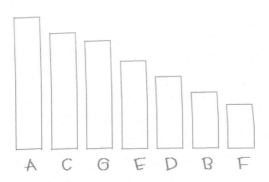

图6-5　2010年某集团各分公司年度业绩排名

◉ 时间序列

小白点点头表示已经理解，Mr.林继续：那我们接着讲第三种数据关系——时间序列。

时间序列用于表示某事物按一定的时间顺序发展的走势、趋势。

例如，我们想知道2010年上半年某集团业绩每月的发展情况是怎样的？如图6-6所示，这时候就不能按业绩大小进行排序，可以按照时间的顺序制作一个柱形图，这样才能看出其发展趋势。当然也可以制作折线图，折线图是最直观的趋势图，但是不要用同样的数据在同一张图中既制作柱形图又制作折线图，柱形图就可以表示趋势，没必要再画蛇添足了。如果你习惯使用折线图，那就使用折线图吧。

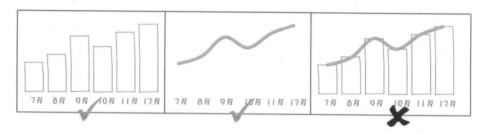

图6-6　2010年上半年某集团业绩发展情况

Mr.林：可表示时间序列的还有面积图，如图6-3所示。

小白显然没见过：面积图都可以表示时间序列？

Mr.林：当然，你看面积上面的线不就是折线吗？那就可以表示趋势，但是面积图有一个缺点，就是各数据系列之间可能会出现相互遮挡的情况，难以清晰地看出趋势。

所以表示时间趋势时首选折线图，其次可考虑使用柱形图。

◉　频率分布

Mr.林：小白，刚才说的时间序列关系消化了没有？

小白：嗯，我都记着呢，现场消化不了的，回去再慢慢消化。

Mr.林：好的，我们要继续学习第四种数据关系——频率分布。

频率分布与排序一样，都用于表示各项目、类别间的比较，当然这类比较也可用频数分布表示，只是单位不同，根据需要进行选择即可。可以说频率分布是一种特殊的排序类图形，因为只能按指定的横轴排列。

例如，我们作图表示2010年某集团的产品不同价格区间的销量，那么横轴只能按惯例采用价格从低到高排列，而不能按商品的销量从高到低排列，如图6-7所示。当然你非要这样排列的话，也行，只是这样会让价格区间变得比较乱。不过还是那句话，根据你要表达的主题作图。用于表现频率分布的图表还有柱形图、条形图、折线图。

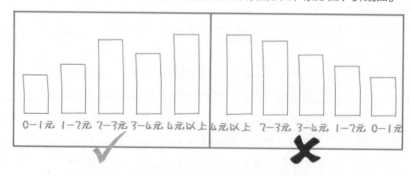

图6-7　2010年某集团产品各价格区间销量分布

◉ **相关性**

怎么解释相关性呢？Mr.林脑子里转了转，说道：相关性这个词听上去挺专业的，我用一个身边的例子来解释吧。小白，你最近有没有关注生姜价格上涨？那么随着生姜价格逐步提高，顾客每次购买生姜的数量是否会受到影响？这些就是相关性，相关性用于衡量两大类中各项目间的关系，即观察其中一类项目的大小是否随着另一类项目大小有规律地发生变化。如图6-8所示，我们可以明显看到生姜价格越高销量就越低。

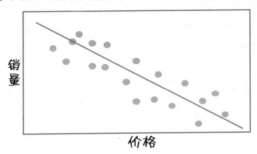

图6-8　生姜价格与销量的关系分布

用于衡量相关性的图表还有柱形图、对称条形图（旋风图）、散点图、气泡图等。

◉ **多重数据比较**

就剩下最后一个关系了，Mr.林顿了顿，喝了口水，接着说：多重数据的比较是指进行分析比较的数据类型多于两个的数据分析比较。例如要比较A、B、C三种电脑分别在品牌、价格、内存、CPU、硬盘、售后6项指标中的评分情况，可以用簇状柱形图，如图6-9所示。

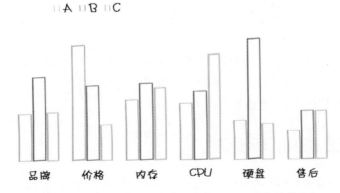

图6-9　ABC三类产品在6个指标中的评分（簇状柱状图）

Mr.林：这幅图给你什么样的感觉？

小白果然是神游去了，才回过神来，想了想：这张图，像一堆柱子挤在一块儿，

153

好臃肿啊！

　　Mr.林：差不多是这个意思。再想想看，现在只有3个类别，6个指标，如果再扩充到4个类别，10个指标，将是什么样？40根柱子排排站！如果你的报告用Word写，有一个比较野蛮的解决办法，就是把那页Word文档设置为横向打印。可是我们为什么不用一个更简单的图形表达呢？

　　小白条件反射地问道：折线图？我觉得折线图和柱形图像一个娘胎里的兄弟，经常能互换角色！

　　Mr.林：这说明你还没有充分理解折线图。刚才介绍了折线图可以表现趋势或者分布，你觉得这6个指标之间有关系吗？如果没有关系，那么用折线图就会误导读者。

　　小白一脸茫然：那用什么图合适呢？

　　Mr.林：我们可以用雷达图来表示，如图6-10所示。小白，你看，用了雷达图，效果是不是好了很多？

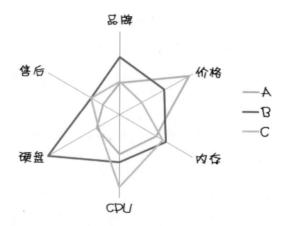

图6-10　ABC三类产品在6个指标中的评分（雷达图）

　　Mr.林：当然，数据间的关系及相对应可用的图表不限于刚才介绍的内容，这里主要介绍你工作中常用的图表类型，比如表示成分的图表使用饼图居多，当然还可以用圆环图来表示。只要能正确表达想要展示的主题或内容即可。

　　听完这些内容，小白茅塞顿开。

6.1.4　图表制作5步法

　　Mr.林：小白，经过刚才的学习，你是不是对什么情况用什么图表已经有了清晰的思路了？

　　小白：嗯，思路清晰多了。

　　Mr.林：确定了所要表达的信息和关系之后，接下来的制图工作就简单了。图6-11

给出了制图5步法，按这5步依次进行就可以绘制出所要的图表啦！最重要的就是第1步，如果第1步的主题和目的不明确，那后续步骤也无法让读者准确清楚地理解你所表达的内容。

小白仔细看了看作图5步法，冒出一个念头： 怎么觉得这跟我逛街挑衣服一样？

Mr.林：真是本性难移，好端端的作图怎么又跟逛街挑衣服扯上关系了？

小白： 您看呀，下面我画出一个对比关系图出来，您就知道我说的有道理了，如图6-11所示。

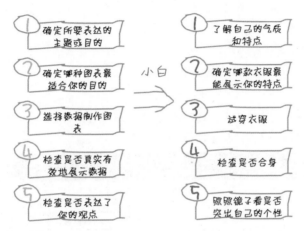

图6-11　图表制作5步法

就拿我自己打个比方，我走的是知性白领风格，所以直线条、有质感的带领衣服会比较适合我。按照这个标准挑选到我要买的衣服，例如职业套裙就不错，再试穿检查合不合身，能不能突显我的知性风格。

Mr.林哭笑不得：真拿你没办法，不过也有点道理……

小白倒是一本正经： 这叫触类旁通，这样不是更容易理解和记忆吗？

6.2　表格也疯狂

Mr.林：学会了怎样将数据以图形的形式呈现只是使用图表的第一步，大部分人呈现数据结果时都使用图形，而没有发现表格的精妙之处。

下面再告诉你数据图表化第二招：必杀技——用表格来表示"图所不能说的话"。

小白： 表格还能解决图所不能解决的问题？表格不是地球人都会吗，有什么特别的地方呢？

Mr.林解释道：当需要呈现的数据在3个系列及以上，尤其是数据间的量纲不同的时候，用表格呈现数据效果相对较好。Excel 2016版本在表格方面的呈现效果比Excel之前版本的表现更佳。下面我将介绍条件格式中5个方便好用的功能。它们分别是突出显示单元格、项目选取、数据条、图标集和迷你图。

6.2.1　突出显示单元格

Mr.林边说边打开了Excel演示给小白看：突出显示单元格就是根据指定的规则，把表格中符合条件的单元格用不同颜色背景、字体颜色将数据突出显示出来。可设置的常用规则有：大于、小于、等于、介于、重复值，当然可以另外设置其他规则。例如，我们想知道2004年中国东部有哪些地区的国内生产总值大于10 000亿元[1]，原始数据如图6-12所示。那么在Excel 2016中的操作如下。

STEP 01　选取"2004年"这一列的所有单元格。

STEP 02　单击【开始】选项卡，在【样式】组中单击【条件格式】，选择【突出显示单元格规则】，选择【大于】，如图6-12所示。

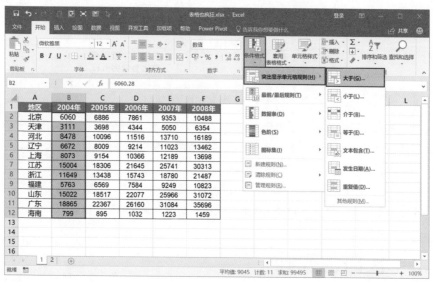

图6-12　突出显示单元格规则

STEP 03　在弹出的【大于】对话框中输入"10000"，并设置所需突出显示的单元格样式。本例选择【黄填充色深黄色文本】，并单击【确定】按钮，如图6-13所示。

1　数据来源：中国国家统计局网站，http://www.stats.gov.cn/

图6-13 【大于】条件设置对话框

通过上述操作即可把2004年中国东部国内生产总值大于10 000亿元的地区突显出来，如图6-14所示。

地区	2004年	2005年	2006年	2007年	2008年
北京	6060	6886	7861	9353	10488
天津	3111	3698	4344	5050	6354
河北	8478	10096	11516	13710	16189
辽宁	6672	8009	9214	11023	13462
上海	8073	9154	10366	12189	13698
江苏	15004	18306	21645	25741	30313
浙江	11649	13438	15743	18780	21487
福建	5763	6569	7584	9249	10823
山东	15022	18517	22077	25966	31072
广东	18865	22367	26160	31084	35696
海南	799	895	1032	1223	1459

图6-14 2004年中国东部国内生产总值大于10 000亿元的地区

6.2.2 项目选取

Mr.林：项目选取其实跟突出显示单元格的意思基本一样，等介绍完项目选取再给你操作一下。项目选取同样是根据指定的规则，把表格中符合条件的单元格用不同颜色的背景、字体颜色突出显示出来。与突出显示单元格的区别在于指定的规则不同，突出显示单元格的规则指定的值是与原始数据直接相关的数据，如上文提到的大于10 000亿元；而项目选取的规则指定的值是对原始数据经过计算的数据，如数值最大的10%项、数值最小的10%项、高于平均值、低于平均值等。

我们想知道2005年中国东部有哪些地区的国内生产总值高于平均值，原始数据见图6-15。那么可以在Excel 2016中进行如下操作。

STEP 01 选取"2005年"这一列的所有单元格。

STEP 02 单击【开始】选项卡，在【样式】组中单击【条件格式】，选择【最前/最后规则】，选择【高于平均值】，如图6-15所示。

STEP 03 在弹出的【高于平均值】对话框中，设置所需突出显示的单元格样式。本例选择【绿填充色深绿色文本】，并单击【确定】按钮，如图6-16所示。

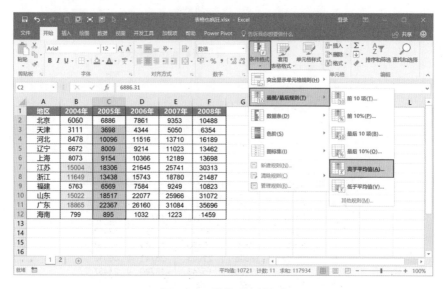

图6-15　最前/最后规则

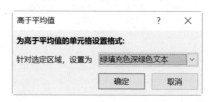

图6-16　【高于平均值】对话框

通过上述操作即可把2005年中国东部国内生产总值高于平均值的地区选取出来，得到的效果如图6-17所示。

地区	2004年	2005年	2006年	2007年	2008年
北京	6060	6886	7861	9353	10488
天津	3111	3698	4344	5050	6354
河北	8478	10096	11516	13710	16189
辽宁	6672	8009	9214	11023	13462
上海	8073	9154	10366	12189	13698
江苏	15004	18306	21645	25741	30313
浙江	11649	13438	15743	18780	21487
福建	5763	6569	7584	9249	10823
山东	15022	18517	22077	25966	31072
广东	18865	22367	26160	31084	35696
海南	799	895	1032	1223	1459

图6-17　2005年中国东部国内生产总值高于平均值的地区

6.2.3　数据条

Mr.林接着说：数据条可帮助你查看某个单元格相对于其他单元格的值。数据条的长度代表单元格中的值。数据条越长，表示值越大，数据条越短，表示值越小。

例如，我们想知道2006年中国东部哪个地区的国内生产总值最高，哪个地区最低，原始数据见图6-18。那么我们可以在Excel 2016中进行如下操作。

STEP 01 选取"2006年"这一列的所有单元格。

STEP 02 单击【开始】选项卡，在【样式】组中单击【条件格式】，选择【数据条】，选择【蓝色数据条】，如图6-18所示。

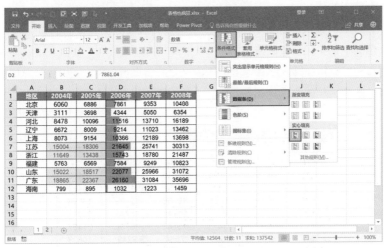

图6-18 数据条

当然你也可以根据自己的喜好选择其他颜色的数据条。

通过上述操作即可把2006年中国东部各地区的国内生产总值用数据条显示出来，如图6-19所示，最高为广东，最低为海南。

地区	2004年	2005年	2006年	2007年	2008年
北京	6060	6886	7861	9353	10488
天津	3111	3698	4344	5050	6354
河北	8478	10096	11516	13710	16189
辽宁	6672	8009	9214	11023	13462
上海	8073	9154	10366	12189	13698
江苏	15004	18306	21645	25741	30313
浙江	11649	13438	15743	18780	21487
福建	5763	6569	7584	9249	10823
山东	15022	18517	22077	25966	31072
广东	18865	22367	26160	31084	35696
海南	799	895	1032	1223	1459

图6-19 用数据条显示数值的高低

当需要呈现的数据在3个系列及以上，尤其是数据间的量纲不同时，将数据在单元格中以数据条的形式呈现，相当于3个微型条形图，效果会比将3个不同量纲的系列数据画在一张图上好很多。

6.2.4 图标集

Mr.林停顿了一下：是不是有些累了，小白？

小白：没有呢，我在听，Go on!

Mr.林点头：好的，还剩下图标集和迷你图没有介绍。先讲图标集，使用图标集可以对数据进行注释，并可以按阈值（也称为临界值）将数据分为3到5个类别。每个图标代表一个范围的值。

例如，在三向箭头图标集中，绿色的上箭头代表较高值，黄色的横向箭头代表中间值，红色的下箭头代表较低值。

我们可对2007年中国东部各地区的国内生产总值进行分类。国内生产总值在20 000亿元及以上的地区用绿色带钩圆圈表示，大于或等于10 000且小于20 000亿元的用黄色带感叹号圆圈表示，小于10 000亿元的用红色带叉圆圈表示，效果如图6-20所示。

地区	2004年	2005年	2006年	2007年	2008年
北京	6060	6886	7861	⊗ 9353	10488
天津	3111	3698	4344	⊗ 5050	6354
河北	8478	10096	11516	ⓘ 13710	16189
辽宁	6672	8009	9214	⊗ 11023	13462
上海	8073	9154	10366	ⓘ 12189	13698
江苏	15004	18306	21645	✓ 25741	30313
浙江	11649	13438	15743	ⓘ 18780	21487
福建	5763	6569	7584	⊗ 9249	10823
山东	15022	18517	22077	✓ 25966	31072
广东	18865	22367	26160	✓ 31084	35696
海南	799	895	1032	⊗ 1223	1459

图6-20 使用图标集对数据进行注释

另外，图标集特别适用于企业运营指标发展态势的监控。

如图6-21所示，某集团给下属的A、B、C三个企业2010年第一季度收入目标定为1亿元，而A、B、C三个企业2010年第一季度实际收入分别为1.1亿元、0.95亿元、0.73亿元，那么完成率分别为110%、95%、73%。我们需要对各企业的完成率数据进行处理，让老板或同事清晰快速地知道哪些企业的业绩完成得好，哪些企业的业绩完成得差。这时我们就可以使用图标集功能进行标注。

项目	A企业	B企业	C企业
第一季度收入目标（亿元）	1	1	1
完成值（亿元）	1.1	0.95	0.73
完成率	✓ 110%	ⓘ 95%	⊗ 73%

图6-21 2010年第一季度某集团下属三个企业的收入目标及完成情况

图标集功能也在【开始】选项卡【样式】组的【条件格式】中，我们可在图标集规则设置对话框中对完成率进行分类定义，规则设置如图6-22所示：完成率大于或等于100%的企业，用绿色带钩圆圈表示，完成率大于或等于90%且小于100%的用黄色带感叹号圆圈表示，小于90%的用红色带叉圆圈表示。这样我们就可以清晰地看到完成业绩目标的企业有哪些，未完成业绩的有哪些，快完成业绩的有哪些。

数据越多，使用图标集功能的效果就越明显，还等什么？赶快动手实践一下吧！

小白摩拳擦掌：好啊！现在我就做一遍！

图6-22　图标集规则设置对话框

6.2.5　迷你图

Mr.林：最后介绍迷你图。顾名思义，迷你图的特点就是小，小到可以塞到每一个单元格中，先给你看看效果，如图6-23所示。

	A	B	C	D	E	F	G
1	地区	2004年	2005年	2006年	2007年	2008年	迷你图
2	北京	6060	6886	7861	⊗9353	✗10488	
3	天津	3111	3698	4344	⊗5050	✗6354	
4	河北	8478	10096	11516	⊕13710	❗16189	
5	辽宁	6672	8009	9214	⊕11023	❗13462	
6	上海	8073	9154	10366	⊕12189	❗13698	
7	江苏	15004	18306	21645	⊕25741	✓30313	
8	浙江	11649	13438	15743	⊕18780	❗21487	
9	福建	5763	6569	7584	⊗9249	✗10823	
10	山东	15022	18517	22077	⊕25966	✓31072	
11	广东	18865	22367	26160	⊕31084	✓35696	
12	海南	799	895	1032	⊗1223	✗1459	

图6-23　迷你图示例

　　小白一下子两眼放光，来了精神，惊叹到：哇，我可从没见过这么炫的图！

　　Mr.林：对！迷你图是工作表单元格中的一个微型图表，可提供对数据的形象表示。使用迷你图可以显示数值系列中的趋势（例如，季节性增加或减少、经济周期），或者突出显示最大值和最小值。在数据旁边放置迷你图可达到最佳效果。

　　虽然Excel行或列中呈现的数据很有用，但很难一眼看出数据的分布形态。通过在数据旁边插入迷你图，可以清晰简明地显示数据的变化趋势，而且迷你图只需占用少量空间。

　　与Excel工作表中的图表不同，迷你图不是图表对象，它实际上是单元格背景中的一个微型图表。以图6-23所示的北京地区在2004年至2008年国内生产总值的迷你图为例，在Excel 2016中的操作如下。

STEP 01　单击选定所要制作迷你图的单元格G2。

STEP 02　单击【插入】选项卡，在【迷你图】组中，选择【折线图】，如图6-24所示。

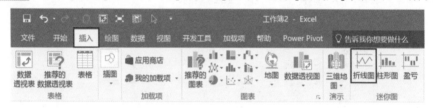

图6-24　迷你图

STEP 03　弹出【创建迷你图】对话框，选择所需制作迷你图的数据范围B2:F2，单击【确定】按钮，如图6-25所示，即可生成迷你折线图。

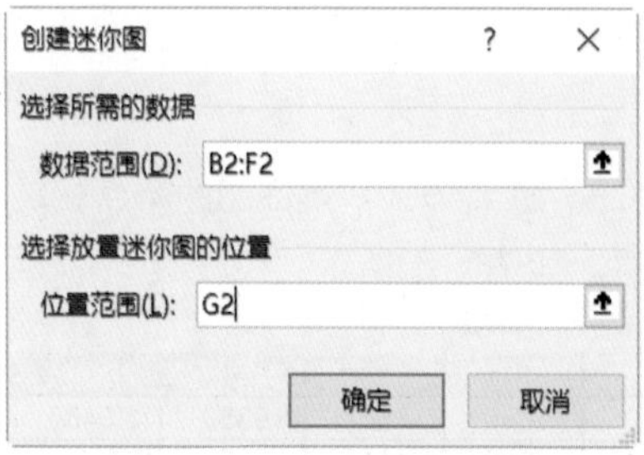

图6-25　【创建迷你图】对话框

　　如果天津、河北、辽宁、上海等4地区也要制作出同样的迷你折线图，可以直接复制粘贴，数据会相应进行改变。此外，除了迷你折线图，还可以制作迷你柱形图和迷你盈亏图，在第2步的操作中换成【柱形图】或【盈亏】即可。如图6-23所示，江苏、浙江等6个地区采用了柱形迷你图。

　　另外，还可利用【设计】选项卡中的【标记颜色】功能突出显示最高值（2008年）。

从图6-23所示的迷你图中可以看出，中国东部各地区2004年至2008年的省内生产总值都呈增长趋势。

6.3 给图表换装

Mr.林：小白，学了前面两招，工作中80%以上的图表问题你都能解决了，当然还会遇到一些棘手的问题。

小白偷笑：区分菜鸟和高手的关键时刻到了！

Mr.林：挺机灵的！对，下面将教你数据图表化第三招——图表换装。

当你遇到比较困难的图表问题时，采用这一招即可奏效。通常对于复杂一点的问题需使用稍微复杂的图表才能呈现我们要表达的内容，如：双坐标图、矩阵图、旋风图、漏斗图等，这些图表在专业的调研、咨询公司里使用得相对较频繁。其实它们也都是由"经济适用图表"变换而成的，"经济适用图表"经过巧妙换装，有时会达到意想不到的效果，尤其是矩阵图，下面将一一进行介绍。

6.3.1 平均线图

Mr.林：平均线图并不只是在图上单独画一条平均线，而是在原来的柱形图或折线图的基础上，添加一条平均线，如图6-26所示。

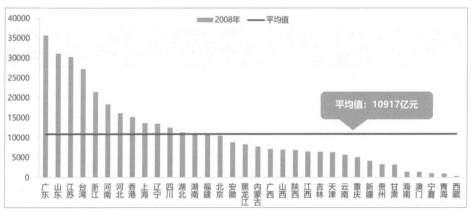

图6-26　平均线图

小白的语气明显有些鄙夷：这有什么难的？这个还需要强调吗？

Mr.林：对，大家都觉得平均线图简单，没有引起对它的重视。其实**很多数据分析的项目只需要充分贯彻"对比"二字**，而平均线图即"对比分析"的典型应用，它可以用来对比图中各项目表现与平均水平的差距，有哪些项目处于平均水平上方？有哪些项目处于平均水平下方？当然对比的参考线数据不一定要采用平均值，也可以采用其他值，比如在数据分析原理对比分析中提到的几个比较标准。最简单的方法往往是最有效的，不过它们容易被人忽略，意识不到它的重要性。

小白：怎么绘制平均线图呢？

Mr.林：在Excel 2016中直接提供了线柱图功能，现在就来介绍如何绘制平均线图。

◉ 平均线图做法一

STEP 01 先准备数据，数据源表格如图6-27所示。在"2008年"列后面增加一列，其数据为2008年中国各地国内生产总值平均值10 917亿元。

地区	2008年	平均值
广东	35696	10917
山东	31072	10917
江苏	30313	10917
台湾	27285	10917
浙江	21487	10917
河南	18408	10917
河北	16189	10917
香港	15228	10917
上海	13698	10917

图6-27 中国2008年各地国内生产总值（单位：亿元）

STEP 02 选择A1:C35单元格，单击【插入】选项卡，在【图表】组中单击【插入组合图】，选择【簇状柱形图-折线图】，如图6-28所示。

图6-28 插入组合图

得到的平均线图如图6-29所示。

为了让读者能更清晰快速地了解图形所要表达的主题，我们可以在图表的平均线上添加一个标注，标出平均值为10 917亿元，如图6-26所示。

为了便于查看图表，我们可以对2008年各地的国内生产总值按降序排序，如图6-26所示，这样就可以一目了然地知道广东、山东、江苏等13个地区国内生产总值高于全国平均值，而福建、北京、安徽等21个地区国内生产总值低于全国平均值。

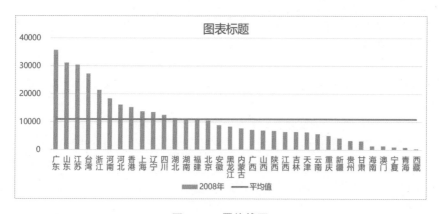

图6-29　平均线图

◉ 平均线图做法二

如果所使用的Excel版本没有绘制线柱图的功能，可以自己直接绘制。

小白：啊？自己画？

Mr.林：很简单的，不用担心。

STEP 01 选取A1:C35单元格中的数据，单击【插入】选项卡，在【图表】组的【插入柱形图或条形图】中选择【簇状柱形图】。

STEP 02 在生成的柱形图中，选择"平均值"系列的任一柱子，单击鼠标右键，在弹出的快捷菜单中单击【更改系列图表类型】，在弹出的【更改图表类型】对话框中，将"平均值"系列的【图表类型】更改为折线图，如图6-30所示。

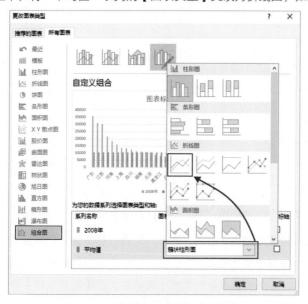

图6-30　【更改图表类型】对话框

Mr.林：平均线图就制作完成了，非常容易吧？

小白：嗯！

6.3.2 双坐标图

Mr.林：小白，刚才向你介绍了平均线图，现在我们继续来学习下一个图形，双坐标图。你知道双坐标图是什么样的吗？一般在什么情况下使用这样的图形呢？

小白睁着大眼睛望着Mr.林：还没有见过，平均线图我都是第一次在您这里见到。不过从字面意思上理解，双坐标图应该是比平常的图形多一个坐标轴，Mr.林，是这样的吗？

Mr.林：小白，有长进嘛，确实是这样的。双坐标图比平常的图形多了一个纵坐标轴，我们称之为次纵坐标轴。有次就有主，主坐标轴就是我们常用的左纵坐标轴，可简称左轴，次纵坐标轴在右边显示，故也可简称为右轴。

一般在图表中的数据有两个系列或更多，并且它们的量纲不同或者数据差别很大时，在同一纵坐标轴下就无法很好地展现出数据原本的面貌，这时就可以采用双坐标图进行展现。

如图6-31所示，在同一个纵坐标轴下，无法很好了解2010年该集团的收入情况。因为收入与产品的销量单位不同，且数量差别太大，这时我们可把收入采用次纵坐标轴来展示，做法如下。

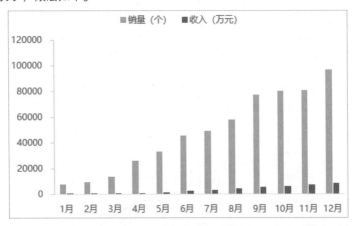

图6-31　2010年某集团每月产品销量及收入（单坐标轴）

STEP 01 选择柱形图中任一"收入"柱子，单击鼠标右键，从弹出的快捷菜单中选择【设置数据系列格式】。

STEP 02 在弹出的【设置数据系列格式】窗格中，在【系列选项】中，选择【次坐标轴】，如图6-32所示。

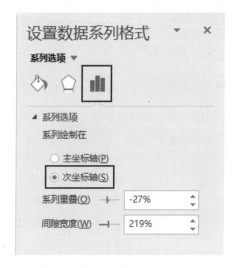

图6-32　【设置数据系列格式】窗格

Mr.林：小白，看看效果吧，如图6-33所示。

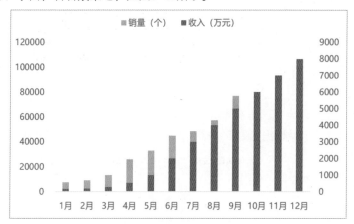

图6-33　双坐标图绘制过程

小白担忧地说道：咦！怎么两张图重叠在一起了，这怎么能看清楚啊？Mr.林，您肯定有办法解决这个问题，快教教我如何解决。

Mr.林：小白，你不会这么快就忘了吧，刚刚才和你说过的呀？

小白立马恍然大悟：是跟平均线图做法一样，将"收入"这系列的柱形图改为折线图，对吗，Mr.林？

Mr.林：完全正确，加10分。

STEP 03　选择"收入"系列柱形图中的任一柱条，单击鼠标右键，从弹出的快捷菜单中单击【更改系列图表类型】，在弹出的【更改图表类型】对话框中，将

167

"收入"系列的【图表类型】更改为【带数据标记的折线图】，如图6-34所示。

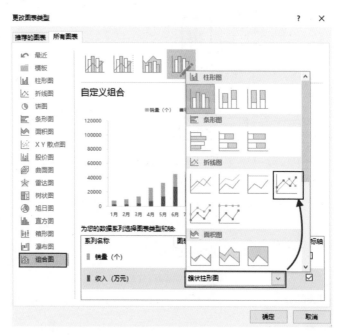

图6-34 【更改图表类型】对话框

到这步为止，双坐标图基本就制作完了。为了更好地区分销量与收入分别对应哪个坐标轴，可以在原始数据表的字段标签中增加左轴与右轴的说明，如图6-35所示。

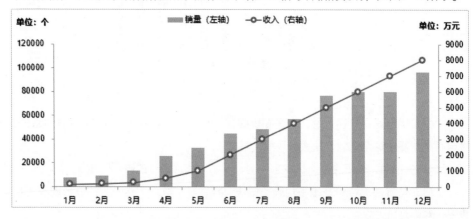

图6-35 2010年某集团每月产品销量及收入（双坐标图）

Mr.林：小白，你看用双坐标图来展示，效果是不是好多了？

小白：是的。

6.3.3 竖形折线图

Mr.林：接下来我们继续学习下一个图形，竖形折线图。

竖形折线图，从名字就可以知道，它把折线图立起来了，如图6-36所示。因为图形中的折线看起来像蛇一样，所以也称之为蛇形图。竖形折线图主要在市场研究、商业咨询等公司使用较多，用它来衡量产品功能、品牌形象等指标在消费者心中的评价，可用于多个不同产品、项目在每个指标方面的表现比较分析，可得出不同产品、项目在每个指标上的属性偏向。一般采用消费者打分的形式获取数据，评分范围一般为0~5或0~10，越同意靠右的观点，选择的数字越高，越同意靠左的观点，选择的数字越低。

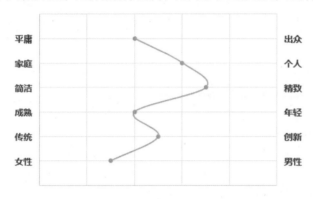

图6-36 某品牌在消费者心中的形象（竖形折线图）

竖形折线图是采用散点绘制的，另外通过两个辅助数据来增加对应的标签。现在我们就用图6-37所示的示例数据绘制竖形折线图。

	A	B	C	D	E	F
1	平均评分（横坐标）	辅助列1（横坐标）	辅助列2（横坐标）	纵坐标	辅助列1标签	辅助列2标签
2	1.5	0	5	1	女性	男性
3	2.5	0	5	2	传统	创新
4	2.0	0	5	3	成熟	年轻
5	3.5	0	5	4	简洁	精致
6	3.0	0	5	5	家庭	个人
7	2.0	0	5	6	平庸	出众

图6-37 某品牌在消费者心中形象的数据示例

STEP 01 选择A2:A7、D2:D7两个范围的数据，单击【插入】选项卡，在【图表】组的【插入散点图或气泡图】中选择【带平滑线和数据标记的散点图】。

STEP 02 在图表任一位置单击鼠标右键，从弹出的快捷菜单中选择【选择数据】项，在弹出的【选择数据源】对话框中，单击【添加】按钮，在弹出的【编辑数据系列】对话框中，分别添加系列名称（辅助列1）、X轴系列值（B2:B7）、Y轴系列值（D2:D7），单击【确定】按钮。

169

STEP 03　重复步骤2，分别添加系列名称（辅助列2）、X轴系列值（C2:C7）、Y轴系
列值（D2:D7），单击【确定】按钮，操作步骤如图6-38所示，效果图如
图6-39所示。

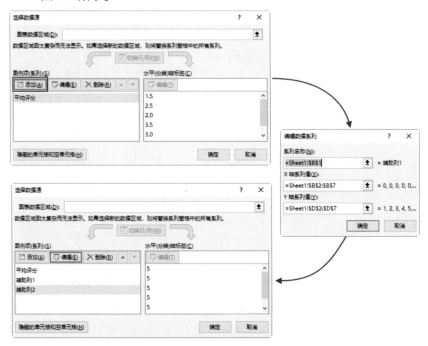

图6-38　添加数据系列示例图

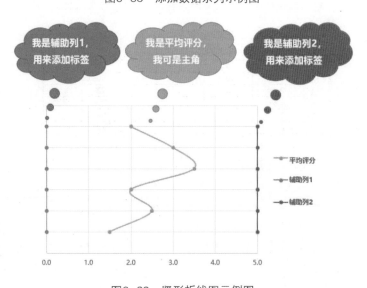

图6-39　竖形折线图示例图

STEP 04 选择"平均评分"系列折线图，单击鼠标右键，从弹出的快捷菜单中选择【添加数据标签】，再单击【添加数据标签】。用鼠标右键单击所显示的任一"数据标签"，从弹出的快捷菜单中单击【设置数据标签格式】，在弹出的【设置数据标签格式】窗格中，在【标签选项】下勾选【X值】，去除勾选【Y值】。

STEP 05 选择"辅助列1"系列折线图，单击鼠标右键，从弹出的快捷菜单中选择【添加数据标签】，再单击【添加数据标签】。用鼠标右键单击所显示的任一"数据标签"，从弹出的快捷菜单中单击【设置数据标签格式】，在弹出的【设置数据标签格式】窗格中，在【标签选项】下勾选【单元格中的值】。在弹出的【数据标签区域】对话框中，选择"辅助列1标签"（E2:E7），单击【确定】按钮返回【设置数据标签格式】窗格，去除勾选【Y值】；在【标签位置】中选择【靠左】项，如图6-40所示。

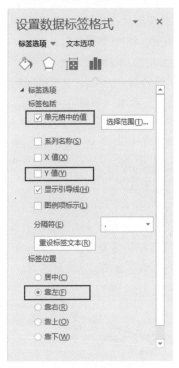

图6-40　【设置数据标签格式】窗格

STEP 06 重复STEP5的操作步骤添加辅助列2的标签（F2:F7）。

STEP 07 分别通过【设置数据系列格式】功能，将两个辅助列的数据标记选项、线条颜色都设置为无，这样即可把两个辅助列隐藏起来，但又可以把辅助列的标签显示出来。

171

STEP 08 删除图例、网格线。

STEP 09 分别把横、纵坐标的标签、刻度线、线条颜色都设置为无，即把它们也隐藏起来。

Mr.林：竖形折线图制作完毕，效果如图6-36所示，小白，都记住了吗？回去要多多练习，熟能生巧就是这个道理，否则不久就会忘记的。

说明：用【单元格中的值】添加标签是EXCEL 2013及以上版本才提供的功能，并且需要在XLSX文件中才能使用，否则就算是使用EXCEL 2013及以上版本，但文件格式是XLS文件，依旧无法使用该功能。如使用EXCEL 2013以下版本，添加标签需要使用另外的标签工具，可在微信订阅号（WZDATA）中回复"标签"获取相关的标签工具及使用说明。

小白情不自禁地说：Mr.林，我越来越佩服您了，偶像啊！

6.3.4　帕累托图

Mr.林：小白，考考你，你知道什么是"二八法则"吗？

小白：二八法则？没有听过，请Mr.林赐教。

Mr.林：二八法则，是19世纪末20世纪初意大利经济学家巴莱多发现的。他认为，在任何一组事物中，最重要的只占其中约20%，其余的80%虽然是多数，但却是次要的。比如，80%的财富掌握在20%的人手中，而剩下80%的人，只拥有那20%的财富。再比如，人生中20%的时间，决定了80%的成就，而另外80%的时间，浪费在了20%的事情上。

这启示我们在工作中要善于抓主要矛盾，善于从纷繁复杂的工作中理出头绪，把资源用在最重要、最紧迫的事情上。

接下来要学习的帕累托图就是二八法则的最佳实践工具。

帕累托图又叫排列图、主次图，是按照发生频率的高低顺序绘制的直方图（无间距的柱形图），如图6-41所示，表示有多少结果是由已确认的原因所造成的。它是将出现的质量问题和质量改进项目按照重要程度依次排列而得到的一种图表，可以用来分析质量问题，用以分析寻找影响质量问题的主要因素。

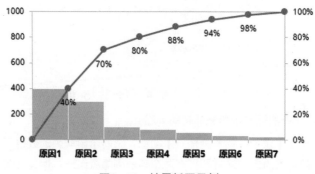

图6-41　帕累托图示例

由于质量问题的影响因素也服从二八法则，即影响质量问题的因素虽然很多，但是只有个别因素起决定性作用，而绝大多数因素的影响都是可以忽略的。所以，帕累托图是质量管理工作中常用的一种统计工具，是找出影响产品质量主要因素的一种有效方法。

现在我们就来看看在Excel中如何绘制帕累托图。首先我们要了解帕累托图的特点，如图6-42所示。

① 它是一种特殊的线柱图，柱形图的数据按数值的降序排列，折线图上的数据有累积百分比数据，并在次坐标轴上显示。

② 折线图的起点数值为0%，并且位于柱形图第一根柱子的左下角。

③ 折线图第二个点位于柱形图第一根柱子的右上角。

④ 折线图最后一个点的数值为100%，位于整张图形的右上角。

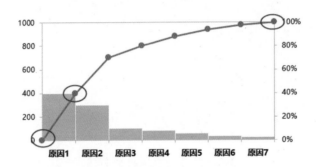

图6-42　帕累托图特点示例

◉ 帕累托图做法一

STEP 01　准备数据，如图6-43所示，对数据进行降序排序。

	A	B
1	原因	件数
2	原因1	400
3	原因2	300
4	原因3	100
5	原因4	80
6	原因5	60
7	原因6	35
8	原因7	25

图6-43　帕累托图示例数据

STEP 02　选择表中A1:B8数据，单击【插入】选项卡，在【图表】组的【插入统计图表】中，选择【排列图】，如图6-44所示，生成的帕累托图如图6-45所示。

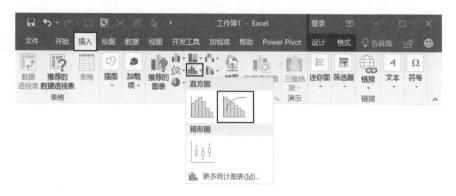

图6-44　插入排列图

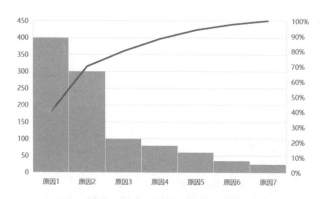

图6-45　帕累托图制作过程1

STEP 03　选择主坐标轴，单击鼠标右键，从弹出的快捷菜单中单击【设置坐标轴格式】，在弹出的【设置坐标轴格式】窗格中，将【坐标轴选项】的【最大值】更改为累计值"1000"，如图6-46所示。

图6-46　【设置坐标轴格式】窗格

Mr.林：调整后的帕累托图如图6-47所示。

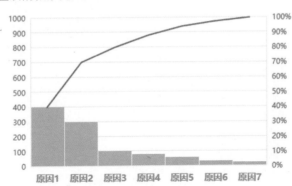

图6-47　帕累托图制作过程2

小白发现了不一样的地方：这个帕累托图跟刚才介绍的帕累托图的特点还存在一些差别，折线图的起点数值不为0%，折线图的第二个点也没有位于柱形图第一根柱子的右上角，折线图最后一个点的数值也没有位于整张图形的右上角。

Mr.林：没错，你观察得很仔细，帕累托图是从Excel 2016版才开始提供的功能，无法完全符合帕累托图的那些特点，不过这并不妨碍我们使用它进行问题原因的分析，这个效果也是可以满足我们的要求的。

如果所使用的Excel版本没有绘制排列图的功能，可以自己直接绘制。下面介绍标准的帕累托图的制作方法。

◉ 帕累托图做法二

STEP 01　准备数据，计算好件数、累计百分比，并在C列第二行增加折线图起始点数据"0%"，如图6-48所示。

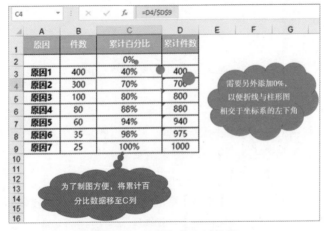

图6-48　帕累托图示例数据

STEP 02　选择表中A3:C9数据，单击【插入】选项卡，在【图表】组的【插入组合图】中，单击【簇状柱形图-折线图】，生成的图表如图6-49所示。

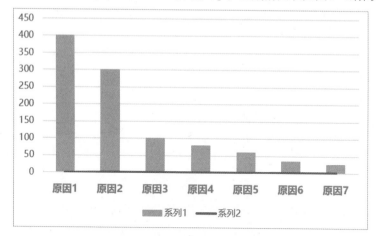

图6-49　帕累托图制作过程3

STEP 03　根据前面介绍的双柱图制作方式，把"系列2"调至次坐标轴，并将图表类型更改为【带数据标记的折线图】，调整后的图形如图6-50所示。该图与最终的帕累托图相比还有4处不同。

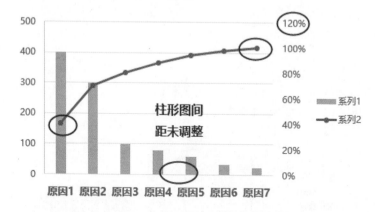

图6-50　帕累托图制作过程4

STEP 04　在折线图上任一点单击鼠标右键，从弹出的快捷菜单中选择【选择数据】项，在弹出的【编辑数据系列】对话框中更改"系列2"的系列值范围为C2:C9，单击【确定】按钮，如图6-51所示。

STEP 05　选中整张图表，单击【设计】选项卡，单击【添加图表元素】，单击【坐标轴】，单击【次要横坐标轴】，如图6-52所示。

图6-51　【编辑数据系列】对话框

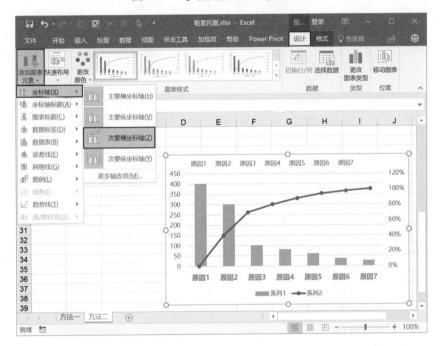

图6-52　添加次要横坐标轴

STEP 06 选中刚添加的次要横坐标轴（在图表的上方），单击鼠标右键，从弹出的快捷菜单中选择【设置坐标轴格式】。在弹出的【设置坐标轴格式】窗格中，将【坐标轴位置】设置为【在刻度线上】，并且把刻度线的【主要类型】、【次要类型】、【标签位置】都设置为【无】，如图6-53所示，这时折线图都已就位，帕累托图即将完成！

STEP 07 设置次纵坐标轴的最大值为"100%"；设置柱形图各根柱子的【间隙宽度】为无间距"0%"，如图6-54所示。

STEP 08 同理，设置主要纵坐标轴最大值为累计值"1000"，以确保折线图第二个点位于柱形图第一根柱子的右上角。

STEP 09 用鼠标选择折线图中的任一点，单击鼠标右键，从弹出的快捷菜单中选择【添加数据标签】。

图6-53 设置次要横坐标轴格式

图6-54 设置间隙宽度

STEP 10 删除图例和网格线。

Mr.林： 标准帕累托图绘制完毕，如图6-41所示。小白，操作步骤都看明白了吗？

小白边点头边说： 我在笔记本上都记下来了，谢谢Mr.林。

6.3.5 旋风图

Mr.林： 小白，记得之前给你举的生姜价格上涨与销量变化的例子吗？

小白： 当然记得啦！我记得当时是用散点图来说明生姜价格与销量变化的关系的。Mr.林，难道您要教我另一种方法？

Mr.林： 小白，够机灵啊！下面我要介绍一个图表给你，它有一个非常酷的名字，叫作旋风图。因为它看起来就像舞动着的旋风，如图6-55所示。它的学名叫作"成对条形图"或"对称条形图"。

旋风图主要用在以下情形：

（1）同一事物在某个活动、行为影响前后不同指标的变化，如某企业促销活动开展前后，收入、销量等不同指标的变化。

（2）同一事物在某个条件变化下（指标A的变化），指标B受影响也随之变化，具有因果关系，如生姜价格与销量的关系。

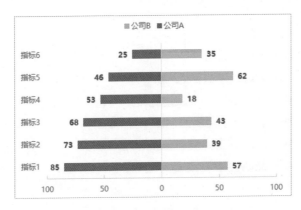

图6-55　旋风图示例

（3）两个类别之间不同指标的比较，如某班男生和女生各项学科成绩的对比，或部门A与部门B各业绩指标的对比。

当然用途不限于以上三种，这里介绍的是主要作用，旋风图还可以用在其他各行各业的研究上，需要根据实际情况进行应用。

◉ 旋风图做法一

观察图6-55的特点，我们可知旋风图是在条形图基础上绘制而成的。下面就具体介绍如何制作旋风图，我们采用图6-56所示的数据绘制旋风图。

	A	B	C
1	指标	公司A	公司B
2	指标1	85	57
3	指标2	73	39
4	指标3	68	43
5	指标4	53	18
6	指标5	46	62
7	指标6	25	35

图6-56　制作旋风图的示例数据

STEP 01　选择A1:C7范围的数据，单击【插入】选项卡，在【图表】组的【插入柱形图或条形图】中选择【簇状条形图】，生成的条形图如图6-57所示。

STEP 02　选中粉色条图中任一横条，单击鼠标右键，从弹出的快捷菜单中选择【设置数据系列格式】，在弹出的【设置数据系列格式】窗格中将系列绘制在【次坐标轴】。注意观察图表的变化，这时出现两个横坐标轴，上方的横坐标轴为粉色条形图的横坐标轴，下方横坐标轴为蓝色条形图的横坐标轴，效果如图6-58所示。

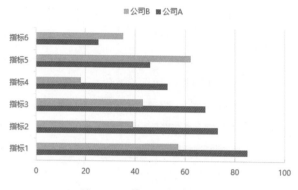

图6-57 旋风图制作过程1

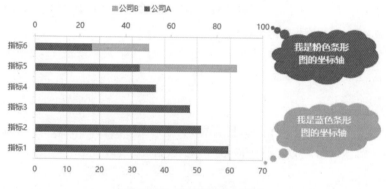

图6-58 旋风图制作过程2

STEP 03 在【设置坐标轴格式】窗格中设置两个横坐标轴的最大值都为"100"、最小值都为"−100"。

STEP 04 在【设置坐标轴格式】窗格的【数字】项中，将【类别】选择为【自定义】。在【格式代码】中填写"0;0;0"，并添加至【类型】框处。再将数字类型设置为刚添加的"0;0;0"类型，如图6-59所示，调整后的图形如图6-60所示。

此步操作的目的是为了让负轴不显示负数，直接显示正数。如果数值比较小，可设置为带一位小数"0.0;0.0;0.0"或带百分比"0%;0%;0%"的格式，以此类推，设置为所需的格式。

图6-59 旋风图制作过程3

说明：有的EXCEL版本在输入"0;0;0"时会自动在后面添加转义符"!"，用于强制显示后面的字符。因为有的特殊符号无法直接显示，如要显示就需要在前面添加转义符"!"，如遇到自动添加"!"可不用理会。

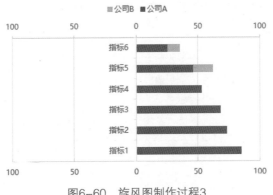

图6-60　旋风图制作过程3

STEP 05 选择上方的横坐标轴（粉色条形的横坐标轴），单击鼠标右键，从弹出的快捷菜单中选择【设置坐标轴格式】。在【设置坐标轴格式】窗格的【坐标轴选项】中，勾选【逆序刻度值】，并且把【刻度线】的【主要类型】、【标签】和【标签位置】都设置为【无】，操作步骤如图6-61所示。另外，在【设置坐标轴格式】窗格的【填充与线条】选项中将【线条】设为【无线条】，此操作的目的是要把粉色条形图翻转至左边去，并且把上方横坐标轴隐藏起来。

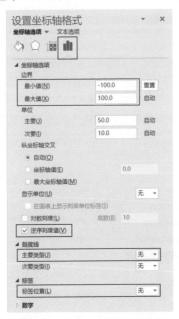

图6-61　旋风图制作过程5

STEP 06 选择纵坐标轴，单击鼠标右键，从弹出的快捷菜单中选择【设置坐标轴格式】。在【设置坐标轴格式】窗格中的【坐标轴选项】中，把【刻度线】的【主要类型】设置为【无】，【标签】的【标签位置】设置为【低】，此步骤的目的是把坐标轴标签（图中的指标名称）移至图的最左边，操作步骤如图6-62所示。

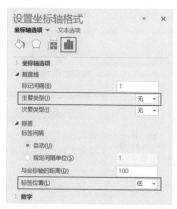

图6-62　旋风图制作过程6

STEP 07 分别选中粉色、蓝色条形图，单击鼠标右键，从弹出的快捷菜单中选择【添加数据标签】，将两个条形图的数据标记显示出来。

STEP 08 删除网格线。

到此旋风图制作完毕，如图6-55所示。

◎ 旋风图做法二

小白：旋风图绘制步骤有点麻烦啊！Mr.林有没有简单一点的方法？

Mr.林：那我现在教你一个简便的方法。

STEP 01 分别根据图6-56所示的数据制作两个条形图，如图6-63所示。

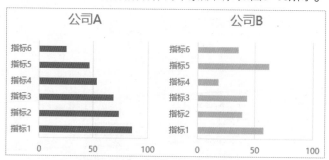

图6-63　制作两个条形图

182　**STEP 02** 选择公司A条形图的横坐标轴，单击鼠标右键，从弹出的快捷菜单中选择

【设置坐标轴格式】。在【设置坐标轴格式】窗格中的【坐标轴选项】中勾选【逆序刻度值】。

STEP 03 选择公司A条形图的纵坐标轴，单击鼠标右键，从弹出的快捷菜单中选择【设置坐标轴格式】。在【设置坐标轴格式】窗格中的【坐标轴选项】中，将刻度线的【主要类型】设置为【无】。

STEP 04 选择公司A条形图的纵坐标轴，把坐标轴标签（图中的指标名称）字体设置为白色。

小白：Mr.林，这里为何要把字体设置为白色，而不直接设置为"无"呢？

Mr.林：这个问题问得好，把纵坐标轴标签字体设置为白色，目的就是在不改变原有图形大小的情况下，隐藏不相关的元素或信息，使图的大小比例与公司B的条形图一致，其作用与占位数据的作用是一样的，前提是两个图形都没有更改默认图形的大小。

小白，你可以把坐标轴的【标签位置】设置为【无】做一下试验，看看图的大小是否发生变化。

STEP 05 分别删除两个条形图的网格线，添加数据标签。

STEP 06 把两个条形图排列在一起，旋风图就制作完了，效果如图6-64所示。

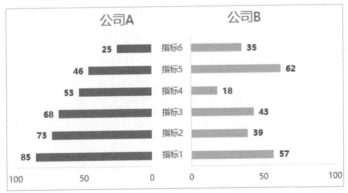

图6-64 方法二制作出的旋风图

Mr.林：小白，你看这样制作是否简便一些？

小白：是啊，这种方法简便一些。不过我觉得各种方法都有各自的好处，要根据自己的实际需求选择相应的做法。

Mr.林：看来你已经把数据分析的核心精神都领会了！

小白红着小脸：谢谢Mr.林夸奖，我都不好意思了。

6.3.6 人口金字塔图

Mr.林：小白，接下来要学习的图形跟刚才介绍的旋风图类似，可以说它就是一种特殊的旋风图，因为它专门用于反映人口的过去、现在、未来的发展情况，这种图叫作人口金字塔图。

人口金字塔图是按人口年龄和性别表示人口分布的特种塔状条形图，如图6-65所示，它可形象地表示某地区人口的年龄和性别构成分布状况。水平条代表每一年龄组男性和女性的数字或比例，金字塔中各个年龄性别组相加构成了总人口。

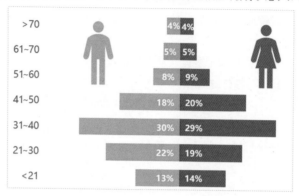

图6-65　人口金字塔图

人口金字塔图以年龄为纵轴，以人口数占比为横轴，按左侧为男、右侧为女绘制图形，其形状如金字塔。金字塔下部代表低年龄组人口，金字塔上部代表高年龄组人口。人口金字塔图反映了过去人口的情况，目前人口的结构，以及今后人口可能出现的趋势。

人口金字塔图可分为三种类型：年轻型、成年型和年老型，它们的形状各不相同，如图6-66所示。

★　年轻型：塔顶尖、塔底宽。

★　成年型：塔顶、塔底宽度基本一致，在塔尖处才逐渐收缩。

★　年老型：塔顶宽，塔底窄。

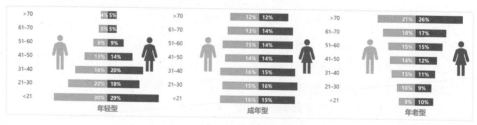

图6-66　各类型人口金字塔图

从人口年龄结构对人口今后增长速度影响的角度，又可将人口金字塔图分为增长型、静止型和缩减型，分别与年轻型、成年型和年老型相对应。

例如要分析某地区是否具有市场潜力，就可以考虑分析当地的人口结构情况，看看当地人口是以什么样的年龄段构成的，这时人口金字塔图就派得上用场了。

因人口金字塔图的做法与旋风图的做法基本一致，我就不进行具体介绍了，小白，如果你有兴趣可以自己尝试下。

小白：Mr.林，好的，如果有不明白的地方再来向您请教。

6.3.7　漏斗图

Mr.林：小白，在数据分析方法中我们已经介绍了什么是漏斗图，如图6-67所示。我们现在就来学习如何绘制漏斗图。

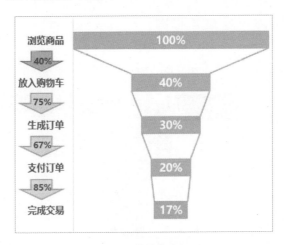

图6-67　网站转化率漏斗图

◉ 漏斗图做法一

STEP 01　准备漏斗图数据源，如图6-68所示。此份数据为某电商网站用户购买商品各环节人数转化的数据。

	A	B
1	环节	人数
2	浏览商品	1000
3	放入购物车	400
4	生成订单	300
5	支付订单	200
6	完成交易	170

图6-68　漏斗图数据源

STEP 02　选择表中A1:B6数据，单击【插入】选项卡，在【图表】组的【插入瀑布图或股价图】中，选择【漏斗图】，如图6-69所示，得到的漏斗图如图6-70所示。

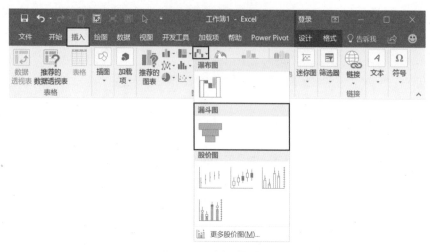

图6-69　插入漏斗图

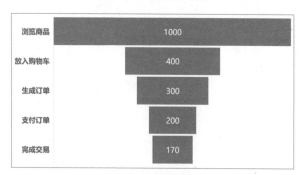

图6-70　绘制的漏斗图

STEP 03　鼠标右键单击任一横条，从弹出的快捷菜单中单击【设置数据系列格式】，在弹出的【设置数据系列格式】窗格中，将【分类间距】调整为"100%"，如图6-71所示。

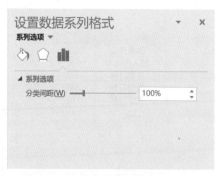

图6-71　设置【分类间距】

基础的漏斗图就制作完毕了，得到的漏斗图如图6-72所示。

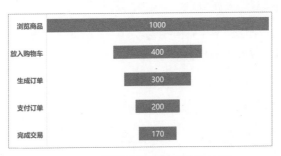

图6-72 调整分类间距后的漏斗图

如果所使用的Excel版本没有绘制漏斗图的功能，可以自己直接绘制。下面介绍漏斗图的第二种绘制方法。

◉ 漏斗图做法二

Mr.林：我们先观察一下，漏斗图是由什么图变化而来的呢？

小白仔细观察后，兴奋地说：Mr.林，漏斗图是用堆积条形图做的，并且需要用占位数据把实际的条形图"挤"到中间去。

Mr.林：小白，非常不错，之前教给你的都记住了，并且还能融会贯通。下面我们就来看一下具体的做法，我就用图6-73所示的数据进行介绍吧。

	A	B	C	D	E
1	环节	人数	占位数据	每环节转化率	总体转化率
2	浏览商品	1000	0	100%	100%
3	放入购物车	400	300	40%	40%
4	生成订单	300	350	75%	30%
5	支付订单	200	400	67%	20%
6	完成交易	170	415	85%	17%

C3 单元格公式：=($B$2-B3)/2

图6-73 漏斗图示例数据

第N环节占位数据=（第1环节进入人数—第N环节进入人数）/2

第N环节转化率=第N环节进入人数/第（N—1）环节进入人数

第N环节总体转化率=第N环节进入人数/第1环节进入人数

STEP 01 选择A1:C6范围的数据，单击【插入】选项卡，在【图表】组的【插入柱形图或条形图】中选择【堆积条形图】，效果如图6-74所示。

这样的图形离漏斗图的样子还差很远，观察图形我们可以得知：①纵轴的顺序反了，这个好办，可以用【逆序类别】功能将它反过来。②人数的条形图应该在中间才对，这也好办，把人数跟占位数据的顺序对调下即可，还要把占位数据设置隐藏起来。

STEP 02 选中纵坐标轴，单击鼠标右键，从弹出的快捷菜单中选择【设置坐标轴格式】，在【设置坐标轴格式】窗格的【坐标轴选项】中勾选【逆序类别】，如图6-75所示。

187

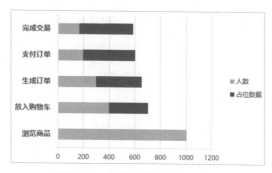

图6-74　漏斗图绘制过程示例1

图6-75　【设置坐标轴格式】窗格

STEP 03　在图表上单击鼠标右键，从弹出的快捷菜单中选择【选择数据】，在弹出的【选择数据源】对话框中，选择"人数"系列，单击【下移】按钮，如图6-76所示，单击【确定】按钮。

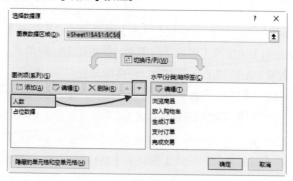

图6-76　漏斗图绘制过程示例2

STEP 04 选中占位数据所在的粉色横条，单击鼠标右键，从弹出的快捷菜单中选择【设置数据系列格式】，在【设置数据系列格式】窗格中把【填充】及【边框】分别设置为【无填充】、【无线条】，即把它们也隐藏起来。

STEP 05 删除图例和网格线，此时漏斗图已完成，如图6-77所示。

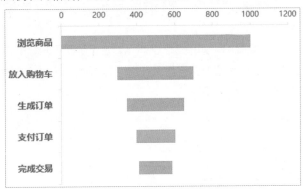

图6-77 漏斗图绘制结果

通过与图6-67进行比较，可以发现图6-77与之还存在细小差别，主要差别在于前者有转化率数据标签，而且前一个漏斗还有外框。

总体转化率的数据标签可通过【单元格中的值】进行设置调整，而每个环节的转化率及其箭头需要手工进行添加。

漏斗外框可通过下面的步骤添加：先用鼠标选中整张图表，单击【设计】选项卡，单击【添加图表元素】，单击【线条】，选择【系列线】，如图6-78所示，并且设置系列线颜色与横条的颜色一致，最终效果如图6-67所示。

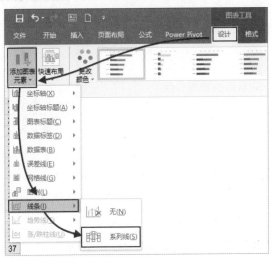

图6-78 添加【系列线】

小白：太好了，又学了一招。

6.3.8　矩阵图

Mr.林：小白，接下来我要教你的是矩阵图的制作，还记得在数据分析方法中提到的矩阵关联分析法吗？

小白：记得，你才教我的，如果这么快忘了，岂不是对不起您的劳动？

Mr.林：算你有良心！我们现在来看看在Excel中如何绘制图6-79所示的矩阵图。小白，你觉得应该用什么图来绘制呢？

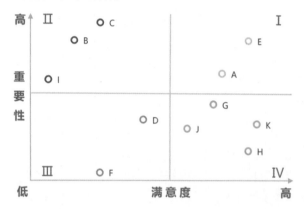

图6-79　2010年某公司用户满意度优先改进矩阵图

小白：我看散点图跟这张图比较像，不过就不知道中间的十字线条是怎么画上去的，是手工添加上去的吗？

Mr.林：没错，就是使用散点图绘制的，我们以图6-80所示的数据介绍矩阵图的绘制操作。

	A	B	C
1	指标	满意度	重要性
2	A	3.2	3.1
3	B	1.5	3.6
4	C	1.8	3.9
5	D	2.3	2.4
6	E	3.5	3.6
7	F	1.8	1.6
8	G	3.1	2.6
9	H	3.5	1.9
10	I	1.2	3.0
11	J	2.8	2.3
12	K	3.6	2.3
13	平均值	2.6	2.8

图6-80　2010年某公司用户满意度数据示例

STEP 01　选择B2:C12范围的数据，单击【插入】选项卡，在【图表】组的【插入散点图或气泡图】中选择【散点图】。

注意：绘制散点图时只需要选择横坐标与纵坐标对应的值即可，无须把指标名称和字段名称也选入绘图数据范围，否则将无法绘制出所需的散点图。

　STEP 02　删除图例和网格线，效果如图6-81所示。

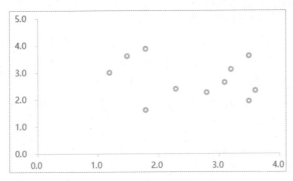

图6-81　矩阵图绘制过程示例1

Mr.林：这是常见的散点图，如何把它变成矩阵形式呢？你仔细观察图可发现，横、纵坐标是多余的，但我们能否"废物利用"呢？能不能移动坐标轴，比如把横坐标轴往上移，纵坐标轴往右移？

小白动手操作了一下：呀！它还真可以移动。

Mr.林：你再按照下面的步骤操作一下。

STEP 03　选中横坐标轴，单击鼠标右键，从弹出的快捷菜单中选择【设置坐标轴格式】，打开【设置坐标轴格式】窗格。在【坐标轴选项】中【纵坐标轴交叉】栏中的【坐标轴值】项中填入已计算好的横坐标轴各指标满意度的平均值"2.6"。另外，顺便把【刻度线】栏中的【主要类型】、【标签】栏中的【标签位置】项都设置为【无】，设置如图6-82所示。

图6-82　【设置坐标轴格式】窗格中的设置

STEP 04　同理，选中纵坐标轴，单击鼠标右键，从弹出的快捷菜单中选择【设置坐标轴格式】，打开【设置坐标轴格式】窗格。在【坐标轴选项】中的【横坐标轴交叉】的【坐标轴值】项中填入已计算好的纵坐标轴各指标重要性的平均值"2.8"。另外，顺便把【刻度线】栏中的【主要类型】、【标签】栏中的【标签位置】都设置为【无】，操作设置参考图6-82，矩阵图效果如图6-83所示。

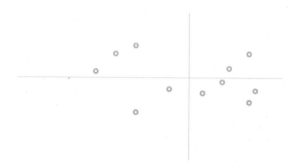

图6-83　矩阵图绘制过程示例2

　　Mr.林：这时矩阵图已基本成形，但与图6-79所示的还有差别，如标签、矩阵的边框箭头等要素还未添加。另外，矩阵上的坐标空白较多，不仅使得各点较为集中，而且极其浪费页面空间。我们可通过设置坐标轴的最大值、最小值来让矩阵图完美适应页面空间，该项设置与Microsoft Office PowerPoint中的"使幻灯片适应当前窗口"功能类似。

STEP 05　添加指标标签，选中【设置数据标签格式】窗格中的【单元格中的值】复选项，在打开的【数据标签区域】对话框中对标签所在单元格范围（A2:A12）进行调整。

STEP 06　分别对横、纵坐标轴的最大值、最小值进行设置，可设置为比各指标满意度、重要性的最大值略大、最小值略小的值。在该例中，横坐标轴最小值、最大值可分别设置为1和4，纵坐标轴最小值、最大值可分别设置为1.5和4，以便让矩阵图完美适应页面空间。

STEP 07　单击【插入】选项卡，选择【形状】，在【箭头总汇】栏中选择相应形状，绘制与矩阵相当宽度的横向箭头，然后复制绘制好的箭头并粘贴，将其调整为竖向，高度与矩阵高度相当，把两箭头的尾部相连，构成坐标系。

STEP 08　添加横向、竖向箭头的标签（满意度、重要性）及说明（高、低）。

STEP 09　对每个象限中的点进行颜色设置，比如优先改进区可以用红色来突显，维持优势区用绿色表示，高度关注区用黄色来显示，无关紧要区用灰色来显示，以提高矩阵的可读性。

　　Mr.林：矩阵图绘制完毕，效果如图6-79所示。你看，矩阵的绘制也没有想象中那么难，只要了解绘制思路，就可以用Excel帮我们实现。常言道："只有想不到，没有做不到，关键就在想法与创意"。Excel还是有很多潜力等待我们去发掘的。

小白在职场日记中记下了这样一句话：**只有想不到，没有做不到。**

6.3.9　改进难易矩阵（气泡图）

Mr.林：小白，刚才介绍了二维数据的矩阵图，现在教你一个三维数据的矩阵图，也就是在二维矩阵的基础上，再加入一个指标进行分析。

小白：好的。

Mr.林：三维数据的矩阵图可以使用气泡图进行绘制。**气泡图是一种特殊类型的散点图，它是散点图的扩展，相当于在散点图的基础上增加第三个指标，即气泡的面积，其指标对应的数值越大，则气泡越大；相反，数值越小，则气泡越小，所以气泡图可用于分析更加复杂的数据关系。**

在我们这个例子中，气泡的大小代表着改进的难易程度，气泡越大，代表着指标的改进难度越大；相反，气泡越小，代表着指标的改进难度越小，如图6-84所示。

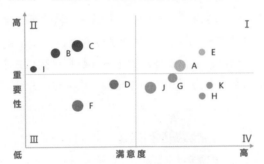

注：气泡大小代表改进难易程度，气泡越大，改进难度越大，反之难度越小

图6-84　改进难易矩阵示例

现以图6-85所示数据为例进行绘制操作的介绍。

	A	B	C	D
1	指标	满意度	重要性	改进难易程度
2	A	3.2	3.1	3.0
3	B	1.5	3.6	2.0
4	C	1.8	3.9	3.0
5	D	2.3	2.4	2.0
6	E	3.5	3.6	1.0
7	F	1.8	1.6	3.0
8	G	3.1	2.6	2.0
9	H	3.5	1.9	1.0
10	I	1.2	3.0	1.0
11	J	2.8	2.3	3.0
12	K	3.6	2.3	1.0
13	平均值	2.6	2.8	2.1

图6-85　改进难易矩阵数据示例

STEP 01 选中B2:D12范围的数据，单击【插入】选项卡，在【图表】组的【插入散点图或气泡图】中选择【气泡图】，效果如图6-86所示。

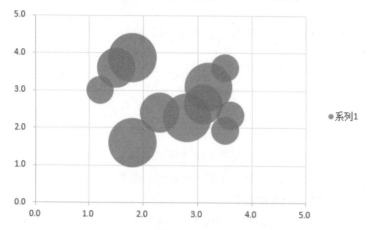

图6-86　改进难易矩阵绘制过程示例1

此时各个气泡比较大，并且重叠在一起，不便读图，我们可继续进行下述操作。

STEP 02 缩小气泡。选中任一气泡点，单击鼠标右键，从弹出的快捷菜单中选择【设置数据系列格式】，在弹出的【设置数据系列格式】窗格中，将【缩放气泡大小为】设置为"30"，这里的大小可根据个人习惯及实际情况进行设置，如图6-87所示。

图6-87　改进难易矩阵绘制过程示例2

此时各个气泡已不再重叠，剩下的操作步骤与绘制图6-79的步骤基本一致，我们可以自己尝试着来绘制。

6.4　本章小结

Mr.林：小白，关于数据展现的内容今天就先介绍这么多。

今天介绍的数据展现方面的知识主要有：

★ 图表在数据分析中的作用，饼图、柱形图、折线图、条形图等经济适用图表的作用与特点，通过所要表达的关系选择恰当的图表，以及制作图表的五步法。

★ 在表格中突出显示单元格、项目选取、数据条、图标集、迷你图等几种展现数据的表格技巧。

★ 平均线图、双坐标图、竖形折线图、帕累托图、旋风图、人口金字塔图、漏斗图、矩阵图等图表分析技巧。

小白：嗯，都是数据展现实用的技巧，听君一席话，胜读十年书呀！

Mr.林：哈哈，对你有帮助就好，我辛苦点无所谓，记得回去好好复习并在工作中灵活运用。

小白：这个是肯定的，牛董的报告还等着我完成呢，我先回去了。

第 **7** 章

专业化生存，图表可以更美的

别让图表犯错

浓妆淡抹总相宜——图表美化

第7章 专业化生存，图表可以更美的

经过Mr.林几天的"秘密培训"，小白明显感觉自己的工作效率和工作质量提高了许多。为了感谢Mr.林，同时本着精益求精的态度，小白特意找了个周末的时间约Mr.林出来喝早茶。正宗的粤式早茶，环境优雅，很适合边吃边聊。

小白端起茶壶，给Mr.林倒上一杯普洱，说道：多亏您的指导！同事们都夸我最近进步了很多。我说多亏我遇上一个好师傅，吼吼！不过我拿自己做的图表和您做的一对比，觉得简直是天壤之别啊。爱美之心人皆有之，有没有办法教我怎样美化一下图表呢？

Mr.林笑道：你约我喝茶，我就知道这茶不是白喝的，所以我就把笔记本电脑也一起带来了，现在就为你介绍一下如何美化图表。

Mr.林添了几口爽滑鲜香的虾饺，然后一本正经地开始问道："你专业吗？"

Mr.林的思维跳转得还真是快，小白愕然。

Mr.林继续说道：专业这个词已经逐渐成为评价一个人工作的流行标准。员工在问，老板在问，客户在问。连电影《疯狂的石头》也告诉我们，在21世纪，即便是想当一个小毛贼，也要够专业！所以，专业二字，价值千金。

小白忙点头。

Mr.林仿佛对此感触很深，又补充道：就像是这家高档正宗的粤式酒家，这种专业的态度是不是让你印象深刻，下次还想再来？同样，图表要做得专业才具备说服力。专业的图表也同时传递着我们专注、敬业的形象，使我们更容易取得客户的信任和老板的赏识。

小白：专业化图表如此重要，那它的评价标准是什么呢？

Mr.林：简单地说可以概括为三个词：严谨、简约和美观。

首先，图表是为了证明一个观点及事实而存在的。小白，你做过证明题吧，证明过程是一环套一环的，无论结论还是过程中的每一个论据和逻辑都要非常严谨，经得住推敲。专业也就意味着严谨，意味着不允许出现一点细微的错误，努力追求细节的完美。

第二是简约，即"图简意赅"，正中要点。我们不是画家，不需要像毕加索、梵高那样研究高深的绘画艺术。正如我一直强调的，图表只是为了说明观点，我们要做的是透过现象看本质，一针见血。

第三是美观。一幅精致美观、令人赏心悦目的图表才让人有看它的欲望，让人印象深刻。试问，粗糙拙劣的图表又如何让人相信其背后数据的准确性呢？

小白点点头表示赞同。

Mr.林：专业精神，博大精深。这么简单地跟你解释其含义，你可能印象不深。下面我将通过案例详细解说如何绘制正确、严谨的图表，如何美化图表，以及给你介绍一些能让你的工作事半功倍的技巧。

7.1 别让图表犯错

Mr.林：小白，你应该看过像麦肯锡、罗兰贝格等这种顶级咨询公司所做的专业图表吧，现在你能告诉我它们为什么专业吗？

小白紧张地摇摇头：整体感觉很专业，可是具体哪里专业我也说不上来。估计要是让我来依葫芦画瓢地学他们作图，也怕落得个"邯郸学步"或"东施效颦"的下场。

Mr.林：所以，我先给你看一些不完美不专业的图表，你来找找这些图表哪里不专业，这样你就能更清楚一幅专业的图表是如何生成的了。

小白表示赞同：错误和失败更能让人长记性，嘿嘿！

Mr.林：刚刚我们讲到专业的图表首先是正确的、严谨的。错误的图表让观众不明所以，甚至与自己要表达的信息南辕北辙。如果说正确的数据居然能产生错误的图表，那么究竟会在什么地方出现错误呢？

下面，跟我一来玩玩"大家来找茬儿"的游戏，即挑出图表的毛病。小白别走神，跟着我来。

小白：好嘞！看我的火眼金睛！

7.1.1 让图表"五脏俱全"

Mr.林：如图7-1所示，这张图作者想要表达什么信息？

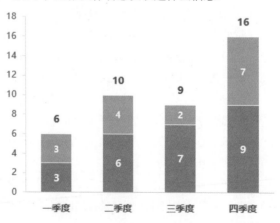

图7-1 信息不完整的图表

小白皱了皱眉：这显然是一幅残缺不全的图表嘛，一没标题、二没图例，我怎么知道它要表达什么信息？

Mr.林一拍桌子：对，一张图表必须包含完整的元素，才能让观众或读者一目了然。可是新手往往一不小心就犯了这样的错误。怎样才算包含完整的元素呢？我们通过完善图7-1来找答案。

首先，我们加上图表标题"2010年某产品的销量情况"。

小白忙插一句：嗯，现在我一看就知道了，这张图表是介绍产品销量的！

Mr.林：对！然后加上图例，帮助读者了解图中深蓝色跟浅蓝色柱子所代表的含义。浅蓝色代表品牌A的某产品销量情况，深蓝色代表品牌B的某产品销量情况；再加上纵坐标数值的单位。

小白：原来纵坐标单位是百万，我还猜是万呢，这可差远了！

Mr.林：小白，你再观察一下图形的数据值，发现有什么异常没有？

小白一边仔细观察，一边思考：第三季度怎么一下子降了那么多呢，而且深蓝色的部分还是处于正常上升趋势的，看来问题出在浅蓝色的柱子那里。

Mr.林：对，第三季度A产品的包装出现过问题，这是产生这样的数据背后重要的原因，是必须要加在图表上的。在图表里，我们称其为脚注。

最后，还有一个元素——资料来源，这个并非一定要有，但是专业的图表最好添加这个内容，这样能增加数据的可信度。修改后的图表如图7-2所示，现在是不是觉得很完整了呢，是不是马上能了解到图表所要表达的主题了呢？

小白：现在的图表看起来专业多了。

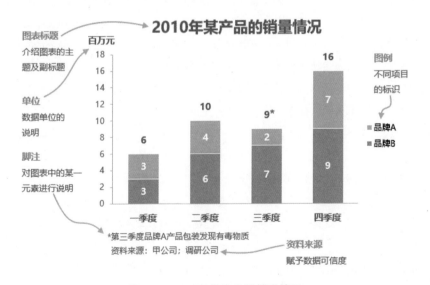

图7-2　2010年某产品的销量情况

Mr.林：标题、图例、单位、脚注、资料来源这些图表元素就好比是图表的五脏六腑，有了它们，图表才有生命与意义。所以，做专业的图表，首先得让图表"五脏俱全"！

7.1.2　要注意的条条框框

Mr.林：刚刚介绍完怎样做一幅完整的图表，到现在为止，你已经学会了如何选择合适的图表，如何制作图表，需要添加哪些图表元素，是不是早就心里痒痒，想自己设计了？

小白急切的心情溢于言表：是啊是啊，我恨不得马上将这些天学到的十八般武艺统统用上！

Mr.林：我非常理解你的这种心情，但是我相信你现在绘制出来的图表必定漏洞百出。因为制作图表还有很多的条条框框你不清楚，指不定就违反哪一条了。

记住，不只是作图，在职场，在生活中也是如此。做事情都有规矩，懂规矩才不会犯错，将规矩看通透了才能有所突破和创新。就好比武侠小说里的侠客练剑得有个心法，否则，很容易走火入魔！

小白：嗯，您说的很有道理，我记住了。

Mr.林：第一点，避免做出无意义的图表。

有些搞数据的"表哥"想得最多的不是女朋友，而是作图！除了作图还是作图！所以难免会有这样的毛病——看见表就不顺眼，非要整出一张图来。我想说的是，让图表出世的不是数据而是你！不要像母鸡下蛋一样随地生产，要生就要生得有意义，如果生出来的图看不出任何有价值的信息和结论，还不如省省力气回家歇着。

就像之前我们讲过，有时候表格比图能更有效地传递信息，这时候就没必要画蛇添足绘制图表。图表贵精不贵多，决定做不做图表的唯一标准是——能否帮助你有效表达信息。用一句不恰当的古语形容"物以稀为贵，多者为贱"，图表轰炸多了，读者就麻木了，反而找不到重点。所以，做图表也讲究天时、地利、人和。

第二点，不要把图表撑破。不要在一张图表里塞太多信息，很多新手容易犯这个错误。

小白提出疑问了：哇，我果然还是个菜鸟，头两点就全中招了。用一张图表囊括多张数据表的信息，一个能抵俩，这样不好吗？

Mr.林：不行，最好一张图表反映一个观点。这样才能突出重点，让读者迅速捕捉到核心思想。

有人做过这样的试验，用两种方法：第一种方法是，用一张图解释N条信息；第二种方法是，做N张图，每张图反映一条信息，然后一张张地给观众解释。两种方法的演示速度是一样的，但是第二种方法让观众感觉条理更清晰、印象更深刻。所以，最好一张图表阐明一个主题。

小白恍然大悟：哦，原来一图一主题，才会更清晰！

Mr.林：对，凡事都要有重点，但是，如果满篇都是重点的话，其结果就是看不到重点。

第三点，只选对的，不选复杂的。

有的"表哥"沉迷于设计各种各样花哨的、所谓"高级"的图表。仿佛不如此无以显示自己技艺的精湛，不如此无以让别人顶礼膜拜。他们认为"你不会的我会，所以我很有成就感啊"。我要说的是，这种敢于挑战困难突破陈规的勇气值得嘉奖，但是违背了专业精神的基本原则——简约。好的图表是能省掉用来解释的一千句话，而不是需要用一千句话来解释。

第四点，一句话标题。

Mr.林：小白，你读读这几个图表标题：公司销售情况发展趋势；各地区的产量；薪酬与利润之间的关系……

这些是不是你见过的最泛滥的图表标题？你明白它要讲什么吗？看了这些千篇一律的标题，你还有兴趣继续看里面的内容吗？要是你订的报纸里全是这种标题的新闻，你是不是恨得牙齿痒痒，或者非常抓狂？

小白：确实，要是这样的话，就根本没有想往下看的欲望了。

Mr.林：其实这些标题存在两个明显的缺点：①没有切中图表的大意；②没有吸引力。

我们的牛董每天都要看几百份图表，要是每一份图表都要看完图才知道要表达什么，不是他自己疯掉就是先让你疯掉。所以，作图时首先要把想表达的内容要点融入标题中。

上面的这些标题修改起来很简单，只有一个原则：就是将短语变为句子。现在上面的三个标题都是短语，看看我怎样把它们变成句子：①公司销售额翻了一番；②C区产量居第四；③薪酬与利润之间没有关系。小白，感觉一下，修改前后有什么区别？

小白：感觉明了很多，不需要看图，我也能领悟到这张图的要点。

Mr.林：另外，标题有吸引力会给图表加分，我们可以多向标题党学习。

Mr.林停顿了一会儿，接着说：刚才介绍的几点是对所有图表而言的。对于Excel里的图表原型——饼图、柱形图、条形图、折线图还有针对性的注意事项，下面我一个个给你总结出来。

◉ 饼图

Mr.林：小白，好记性不如烂笔头。饼图有7个注意事项，你要记好了！

（1）饼图，要按照时钟表盘的刻度，把数据从12点钟的位置开始排列，最重要的成分紧靠12点钟的位置。

小白不解：为什么要从12点钟的位置开始排列呢？

Mr.林：因为人的眼睛都习惯从左至右、从上到下的顺序观察事物。要使读者首先抓住最重要的信息，就要把它们放在最显眼的位置，也就是12点钟的位置。

（2）数据项不要太多，保持在5项以内。

小白插了一句：为什么不能超过5项呢？

Mr.林：你若看过"定位理论"就理解了，人脑比较容易记住前5位，数据太多会分散注意。

小白：哦，我想起来了，例如做调查问卷时，一般建议的最多评分等级设置是"1分，3分，5分，7分，9分"，再多的话大家就会懵了。也是这个道理吧？

Mr.林：对的，我们继续说第3点。

（3）不要使用爆炸式的"饼图分离"。

Mr.林："饼图分离"是指将扇区分离开来，感觉上好像摔碎的西瓜一样，如图7-3所示，这种做法不但不美观，而且也不方便阅读。不过可以将某一片扇区分离出来，前提是你希望强调这一片扇区。

图7-3　分离后的图表

（4）饼图不要使用图例。

小白：不用图例，那别人怎么知道那一部分代表什么数据呢？

Mr.林：饼图使用图例的方式阅读起来很不方便，可将标签直接标在扇区内或旁边。

（5）尽量不使用标签连线，如果要用的话，则切忌凌乱。

（6）尽量不使用3D效果，如果要用的话，3D效果的厚度要尽量薄一些。

（7）当扇区使用颜色填充时，推荐使用白色的边框线，具有较好的切割感，并且美观。

Mr.林：这样说，估计你也记不住几个要点。所以我们继续玩"大家来找茬儿"的游戏，或许你的印象会深一些。看一看图7-4，结合我刚刚讲的几点，找找它有哪些错误。

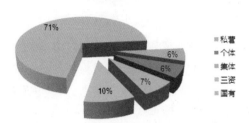

图7-4　修改前的饼图

小白一边看图，一边一条条地对着笔记说道： 这张饼图存在的问题有，

（1）没有从12点钟的位置开始排列。

（2）使用了"饼图分离"效果。

（3）使用了图例，确实不便于阅读。

（4）使用了3D效果，如果图中没有标出数字的话，我就不知道哪个大、哪个小了。

Mr.林：是的。使用3D效果使读者无法清晰区分面积接近的扇区，容易误导读者。使用图例进行标注，这样增加了读者读图的难度。但你还漏了一点，在开始的时候我们提到的：

（5）标题没有反映出图表主题。

Mr.林：下面就讲一讲怎么修改这个饼图。

STEP 01 修改为一句话标题"某市各性质企业构成情况"。

STEP 02 选中图表，单击鼠标右键，在弹出的快捷菜单中选择【设置数据系列格式】，在弹出的【设置数据系列格式】窗格中将【第一扇区起始角度】调整为".00°"。

STEP 03 继续在上一步的【设置数据系列格式】窗格中，调整【饼图分离程度】为".00%"。

STEP 04 使用【更改系列图表类型】将图表更改为普通饼图，也就是无3D效果。

STEP 05 删掉图例，将文本标签直接标在扇区上或旁边，尽量不使用标签连线。在Excel中添加标签的操作如下：在图表上单击鼠标右键，在弹出的快捷菜单中选择【设置数据标签格式】，在打开的【设置数据标签格式】窗格的【标签选项】→【标签包含】项中勾选【类别名称】。

STEP 06 可以把每个扇区边框颜色设置为白色，既美观，而且打印时也可以清晰显示。

得到的效果图如图7-5所示。

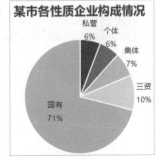

图7-5　修改后的饼图

203

小白拍手：哇，修改后的饼图果然清晰明了了很多。

◎ 树状图与旭日图

停顿了一会儿，小白又问了：您刚刚说饼图的成分不能超过5块，那如果数据项超过5项怎么办呢？还有，要是分析包含数据层级结构时该怎么办呢？

Mr.林立马答道：这个问题问得好！通常制作表示结构关系的图表时，我们第一反应是用饼图。一般情况下，绘制饼图的数据项控制在5个左右，但是经常出现超过5个的情况，有时，甚至达到几十个或上百个的情况，此时，再使用饼图显然不合适。这时可以使用树状图，它非常适合用来展示构成项目较多的结构关系，如果这些项目还可以继续归纳分类的话，还可以展现分类之间的比例大小及层级关系。树状图是Excel 2016新增的图表，如图7-6所示。

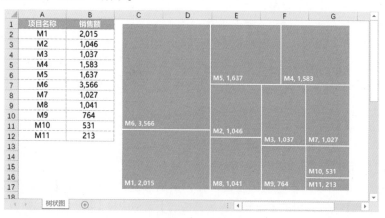

图7-6 树状图示例

Mr.林：下面我们来介绍树状图的制作步骤。

STEP 01 选中表中A1:B12区域数据，单击【插入】选项卡，在【图表】组的【插入层次结构图表】中选择【树状图】，如图7-7所示，得到的初步树状图如图7-8所示。

图7-7 插入树状图表

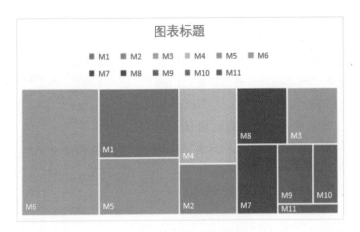

图7-8　树状图制作过程

STEP 02　删去图表标题、图例，添加数据标签，调整各项目的颜色为蓝色，调整后的树状图如图7-6所示，是不是非常简单呢？

小白：哈哈，操作真的非常简单啊。咦，我看到图7-7中的层次结构图表下，还有一个"旭日图"，旭日图是干什么的图表呢？

Mr.林：旭日图和树状图一样，也是Excel 2016新增的图表。旭日图可以表达清晰的层级和归属关系，也就是用于展现有父子层级维度的比例构成情况，便于进行溯源分析，了解事物的构成情况，如图7-9所示。

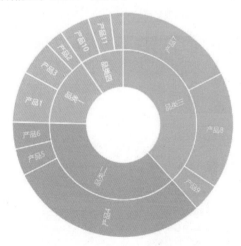

图7-9　旭日图示例

图7-9所示的旭日图展示了不同产品品类的销售额占比：内层的圆环展示的是不同产品品类的销售额占比；外圈的圆环展示的是不同产品的销售额占比情况。

从这张旭日图中，我们可以看到"品类三"和"品类二"对销售额贡献较大，两个品类的销售额水平相当，销售额占比总和超过75%，而"品类四"占比最小。在"品类三"中，"产品7"和"产品8"是主力，销售额占比较高，且两种产品的销售额水平相当。而"品类二"的销售额主要由"产品4"贡献。

复杂多层级的销售数据，通过旭日图就可以让人直观地了解各个层级的构成情况。下面，我们来学习一下如何制作它吧。

小白：太好了！开始吧，我的笔记本已经准备好了。

	A	B	C
1	品类	产品	销售额
2	品类一	产品1	960
3	品类一	产品2	345
4	品类一	产品3	675
5	品类二	产品4	3876
6	品类二	产品5	511
7	品类二	产品6	509
8	品类三	产品7	2305
9	品类三	产品8	2213
10	品类三	产品9	529
11	品类四	产品10	568
12	品类四	产品11	436
13	品类四	产品12	243

图7-10　某公司各品类产品的销售额

STEP 01 数据源是某公司各品类下各种产品的销售额，如图7-10所示。

STEP 02 选择表中A1:D13区域数据，单击【插入】选项卡，在【图表】组的【插入层次结构图表】中选择【旭日图】，如图7-11所示，得到的初步旭日图如图7-12所示。

图7-11　插入旭日图

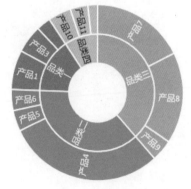

图7-12　旭日图制作过程1

STEP 03 去除图表标题，调整数据标签的字体和颜色。如果需要更改某个品类的颜色，单击旭日图，然后再单击一次需要更改的品类，选中的品类就会突出显示，而未被选中的品类颜色就会变浅。我们以修改品类二为例，在品类二上单击，则会有图7-13所示的效果，即突出显示品类二及其对应的产品4、产品6，而其余品类的颜色自动变浅。

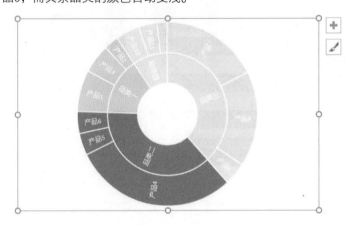

图7-13　旭日图制作过程2

STEP 04 切换到【格式】组中，将填充设置为蓝色即可。

此时，这个旭日图就制作完成了，效果如图7-9所示。

◉ 柱形图

Mr.林：柱形图在日常工作中也是经常用到的一类图表，比如在进行数据对比分析时就会经常用到。现在，我们再来看看制作柱形图需要注意的地方：

（1）同一数据序列使用相同的颜色。

（2）不要使用倾斜的标签，别让读者歪着脑袋看。

小白听到第2条，不由得嘿嘿一笑：我作图的时候还真没有想过这么多呢。

Mr.林：当项目名称，也就是横坐标轴的标签文字过长时，可以采用条形图来代替柱形图。

（3）纵坐标轴的刻度一般从0开始。

同样，我们通过一个例子一起来找茬儿，如图7-14所示。

小白：这个图表的错误很明显啊！

（1）图表横坐标轴的标签倾斜显示。

（2）没有使用一句话标题。

Mr.林补充道：嗯，不错，还有两点要补充的：

（1）一般来说，柱形图最好添加数据标签，这样可以让读者一眼就能看到具体数值。

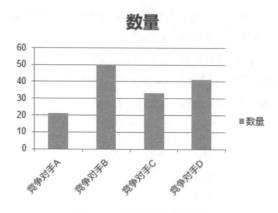

图7-14　修改前的柱形图

（2）如果柱形图已经有了数据标签，纵坐标刻度线和网格线则显得多余了，最好删除。

Mr.林：再来看看我是如何修改的。

STEP 01 调整横坐标轴标签的对齐方式为0°，也可以通过缩小标签字体大小或减少标签字数实现横向显示。

这里要提醒一下的是，如果以上两种方式都无法改变倾斜显示，则可以使用条形图作图。

STEP 02 在数据条中添加数据标签，并调整为合适的字体或字号。

STEP 03 去掉网格线。

STEP 04 去掉纵坐标轴。

修改后的柱形图如图7-15所示。

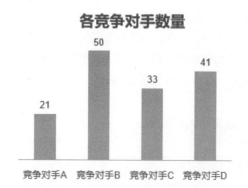

图7-15　修改后的柱形图

小白兴奋地说道：果然，经Mr.林一加工，图表的效果不同凡响。

Mr.林也开玩笑道：少拍马屁了，我可不是牛董，哈哈！

⊙ 条形图

Mr.林：接下来我们来看看条形图的注意事项。其实，条形图的注意事项与柱形图是类似的。

（1）同一数据序列使用相同的颜色。

（2）尽量让数据从大到小排序，方便阅读。

（3）不要使用倾斜的标签。

（4）最好添加数据标签。

Mr.林：同样，我们看看图7-16存在的问题，因为与前面的柱形图类似，所以我直接说了，小白，你看还有什么要补充的。

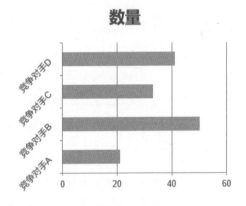

图7-16　修改前的条形图

（1）没有使用一句话标题。

（2）图表纵坐标轴标签倾斜显示。

（3）条形图中各数据条未添加数据标签，给读者读图带来了不便。

（4）因为考虑添加数据标签，所以网格线和横坐标轴是多余的。

在没有数据标签的时候可以加上网格线，因为这样可以让图中的数据条有可参照的数据刻度。但是，当有数据标签时，网格线的存在就显得多余了。

小白抢着补充：哈哈，还有一点，刚刚讲到的，让数据按从大到小的顺序排列，方便阅读。

Mr.林赞许地点头：嗯。对于这张图表，修改的思路与步骤是：

STEP 01　将标题改为"各竞争对手数量"。

STEP 02　调整纵坐标轴标签的对齐方式为0°。

STEP 03　在数据条中添加数据标签，并调整为合适的字体和字号。

STEP 04　去掉网格线。

STEP 05　去掉横坐标轴。

STEP 06　按各数据条的大小进行排序，使得数据条从上至下按数据从大到小排列。

小白：怎样将数据条从上至下按数据从大到小排列呢？

Mr.林：只需对原始数据先进行升序排列，即可得到如图7-17所示的排序之后的条形图。

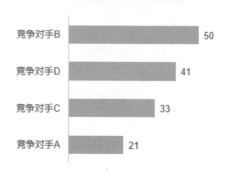

图7-17　修改后的条形图

小白：太酷了！您已经介绍完饼图、柱形图、条形图，还剩下一个折线图，是吧？

◉ 折线图

Mr.林：对！最后一个要介绍的就是折线图。折线图有下面几点需要注意的地方。

（1）折线选用的线型要相对粗一些，最好比网格线、坐标轴等更加突出。

（2）线条一般不超过5条，否则会像意大利面条那样，显示非常杂乱。如果线条太多的话可以分开做图表。

（3）不要使用倾斜的标签。

（4）纵坐标轴的刻度一般从0开始。

Mr.林：小白，这次你来找找图7-18中的错误。

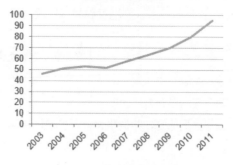

图7-18　修改前的折线图

小白胸有成竹地说：好的，您看我找的对不对，有没有遗漏的地方：

（1）图表横坐标轴的标签倾斜显示。

（2）网格线多余。

（3）图中折线未添加数据标签，给读者阅读图表带来不便。

小白接着说道：我觉得图表修改思路可以是这样的：

STEP 01 调整横坐标轴标签的对齐方式为0°，也可以通过缩小标签字体大小或减少标签字数实现横向显示。

STEP 02 去掉网格线。

STEP 03 在折线图上添加数据标签，并调整为合适的字体和字号。

Mr.林：别得意过头了，还有两点我没教你，我来给你补充一下。

（1）这里需要将2011年数据点的线条线型更改为虚线，因为它属于预测值，并非实际值，故用虚线表示。

（2）因为这些都是离散的数据点，而且数量不多，最好在【设置数据系列格式】窗格中设置数据标记。这里设置圆圈标记样式，并且，圆圈标记内填充白色，以折线图的线条颜色作为圆圈标记线颜色，并加粗，得到如图7-19所示的效果图。

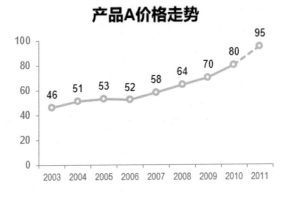

图7-19　修改后的折线图

小白：姜还是老的辣，原来还留了一手呀！

7.1.3　图表会说谎

Mr.林：小白，你相信有时候图表也会说谎吗？

小白惊讶地重复了一遍：什么？图表也会说谎？

Mr.林娓娓道来：是的。刚刚介绍的条条框框，说的都是新手容易犯的错误，而有时候，具有一定经验的专业人士可以利用自己的技能夸大或掩盖事实，也就是明知故犯。

大多数人面对海量的数字都有一种天生的畏惧感，但是对图表却是另眼相待。特别是那种生动的乃至夸张的图表很容易吸引观众的眼球，所以有些数据分析师正是利用这一点，对图表做了易容术，轻轻松松地就欺瞒了观众的眼睛。据我观察到的现象，这种被掩盖或夸张了的图表在很多地方正在被滥用。

小白：又没有篡改数据，怎么会欺瞒观众呢？

Mr.林：嘿嘿！给你看一位网友写的一首打油诗"一个富翁上千万，邻居都是穷光蛋，平均数字一核算，人人都是富百万"。这就是利用平均数掩盖真实情况的最佳说明和解释。数据尚且能够蒙蔽人的眼睛，何况是样式繁多的图表呢？下面我给你一一举例说明。

◉ 虚张声势的增长

Mr.林：人们最喜欢研究一条线的发展趋势了，例如股市的发展趋势，CPI的发展趋势，房价的发展趋势，销售额的增长趋势等。有时候，有些报道为了吸引读者故意夸大变化趋势。如图7-20所示，这原本是某产品的价格增幅，我们从原始图看到的增长是缓慢的。

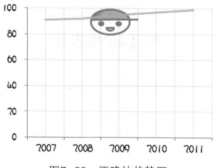

图7-20　正确的趋势图

小白：是啊，价格走势较为平稳。

但是，你再看看图7-21这张图表，是不是感觉这价格在飞速增长？到底哪张图表才是正确的呢？

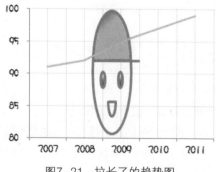

图7-21　拉长了的趋势图

小白：哈哈，这个您教过我，我来说吧。其实制图者只是调整了纵坐标轴的刻度，本来应该是从0开始的，结果他偷偷地换成从80开始了。原来纵坐标总长度是100，现在变为20了，相当于纵向拉长了5倍。当然得到的图形也大相径庭，读者一不小心就会被表象欺骗。

Mr.林满意地说：不错。你看我还特意在这两幅图后面加了个头像，这个头像是不是也感觉被拉长了很多呀！

小白：就像照哈哈镜一样，吼吼！

◎ 3D效果的伪装

Mr.林：前面在讲图表注意事项时，我提到过要去掉3D效果的显示。

为什么呢？很多人认为3D的图表够炫，能激起读者的兴趣。可是，根据简约原则，3D效果实在是无关紧要的装饰，有时反而会使图表显得拖沓繁冗。而且，具有3D效果的图表还会增加理解难度，读者可能因为3D角度的关系而无法看清相关坐标上的数据。如果非要用，建议用薄一些的，否则显得太厚重。

Mr.林：看看下面这两张柱形图，第一张是有3D效果的（如图7-22所示），另一张是没有3D效果的（如图7-23所示）。图7-22看上去是不是A→B→C→D→E依次递增？其实再看图7-23，D实际上是高于E的！

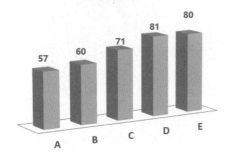

图7-22　有3D效果的柱形图

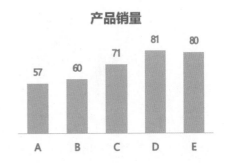

图7-23　无3D效果的柱形图

小白捂脸道：怎么会这样？确实有一种被欺骗的感觉，心累啊。

◎ 逆序排列的误导

Mr.林：再拿一张柱形图作为例子，如图7-24所示。这张图给你的第一印象是不是数据是依次递减的？

小白：是啊！唉，不对，您看它的横坐标是从2011年到2007年排列的，为什么将它逆序排列呀？

Mr.林：嗯，被你发现了，实际的图表为图7-25所示，数据也是依次递增的，这样读者就不会被误导了。

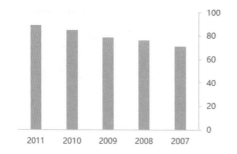

图7-24　逆序排列的柱形图　　　　　　　图7-25　实际的柱形图

小白点头：嗯！差点又被它给骗了。

◉ **一维图形的障眼法**

Mr.林：有时候报刊杂志为了增强视觉效果，吸引读者，就将简单的柱状图、条形图、饼图用图片填充，这样给人感觉更形象。小白，你看看图7-27的原型图7-26，它要传递的信息是今年的粮食产量是去年的两倍。

今年的粮食产量较去年翻了一番！

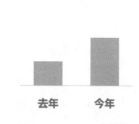

图7-26　粮食产量图的原型　　　　　　　图7-27　粮食产量图

小白：我怎么觉得今年的米袋跟去年的米袋比较起来，不止大两倍，感觉上大好几倍呢！这又是视觉效果造成的吗？

Mr.林：嘿嘿！是制图者又耍了一个小伎俩，本来应该将米袋图片增高2倍，他却同时将长宽都增大了两倍，所以体积变成了原来的8倍。理解吗？

小白：似乎有点理解了，难道不能用剪切画代替原图了吗？

Mr.林：可以，那你再看下面的两幅奶牛图。图表要表达的信息是2011年的奶牛养殖量是2006年的2倍。图7-28采用的是刚才那个制图者的做法，将奶牛图的长和宽同时扩大了2倍。其实正确的做法应是采用图7-29所示的形式，这才是正确的视觉效果。

图7-28　奶牛养殖量对比图1（错误）　　图7-29　奶牛养殖量图对比2（正确）

小白：这下才感觉对头了！原来图表还可以这样撒谎，神不知鬼不觉就把读者给糊弄了。今天真是长了见识，本姑娘以后可没那么容易上当了，嘿嘿！

7.2　浓妆淡抹总相宜——图表美化

Mr.林：小白，见识了这么多错误的图表，现在有什么感想？

只见小白眉头紧皱：我现在知道标准的图表应该如何绘制了。但是我有一个问题，到现在为止您都是教我怎么一步步地按程序操作，难道数据分析师在图表方面不能有一点创新吗？

Mr.林笑道：不是你想的这样的。的确，数据分析需要大量的数据计算、逻辑分析、依程序画图，但是数据分析绝不仅仅是一个力气活，它还是一门艺术。还记得第一节课我说数据分析师要求的五懂吗？懂业务、懂管理、懂分析、懂工具，即开动你的"左脑思维"；还要懂设计，包括懂创意、懂艺术，即调用你的"右脑思维"。所以，做数据分析得双管齐下，没两把刷子是做不了数据分析师的！

小白：愿闻其详。

7.2.1　美化三原则

Mr.林突然停顿了一下，走到窗户旁，示意小白望向窗外：小白，你看看大街上行色匆匆的路人，他们的着装都有些什么风格？

不知道Mr.林葫芦里卖的什么药，小白不以为然地回答道：有鞋尖发亮圆肚直挺的老板，有穿豹纹皮袄高跟靴的性感女郎，有西装笔挺肩背电脑包的IT白领，有一身蓝色中山装的传统老人，还有衣衫褴褛的乞丐……

Mr.林：那在这形形色色的人群中，哪种风格给你感觉最舒服？

"我呀，我这个人头脑比较简单"，小白边说边用手指着一个方向：你看，那位在等公交车的女士就是我感觉最舒服的，简约、干净、得体、自然。

Mr.林回归正题了：我之所以这样问你，是因为图表美化也和着装一样，不仅要穿暖，还要穿得有讲究，给别人一种舒适、得体的感觉才是最好的。图表美化要遵循什么样的原则呢？这就是我下面要给你介绍的内容。

◉ 简约

漫画大师Scott McCloud曾说过，"如果艺术家能以简单的手法直接表露事物的本质，那么他的创作意义将被大幅提升"。

简明扼要、清晰明了，才是一名图表设计师所要追求的境界。但是在我们所处的灯红酒绿的纷繁世界里，很多人都不愿意凡事从简，把简单定义为没有想法、没有深度、才疏学浅，而追求"多总比少好"的思想，往往弄得自己和他人不堪重负，劳人伤己。所以，追求事物的本质才是现在我们所应推崇的处事原则。

不过，需要澄清的是，"简约"不是偷工减料、规避复杂，也不是推崇浅陋、毫无内涵的表达方式，我们定义的"简约"是指清晰明了，让人一看就明白，而不是给人遮遮掩掩、晦涩的感觉。我举一个例子，小白，你逛过宜家家居吗？

说到宜家，小白兴趣就来了：前几天还去过！很喜欢那里，宜家的家具给人感觉色彩鲜明、简单大方且独具匠心。

Mr.林：嗯，宜家的简单设计并没有给你感觉很低俗吧？另外，你还可以学习学习《经济学人》《华尔街日报》《纽约时报》这些世界顶级的商业期刊上的图表，还有像罗兰贝格、麦肯锡等这些世界顶尖的咨询公司，它们都有专门的图表部门或图表顾问团队负责设计和制作图表。图7-30与图7-31所示的就是从国际知名咨询公司的报告里截取出来的图表。

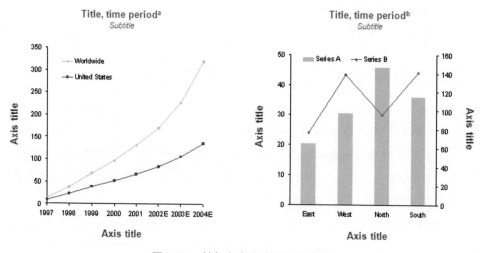

图7-30　某知名咨询公司图表模板

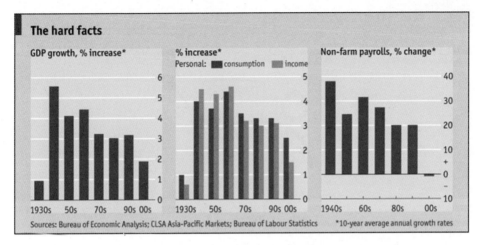

The hard facts

图7-31　《经济学人》图表模板

Mr.林：有没有发现，越是这种专业的大公司，绘制的图表越是简约。所以，我们作图也要追求"图简意赅"！

◎ 整洁

Mr.林：刚刚你讲的那位等车女士，她给你感觉很舒服的原因还有一个：整洁。仅仅是简单还不够，乞丐也穿着简单啊，为什么你不喜欢呢？所以说，整洁也是美化原则中很重要的一点。

整洁体现在图表中的特点是：①整整齐齐；②干干净净；③和谐自然。

在我们的图表中有很多元素，这些元素不能排列得杂乱无章。还记得我们讲过做条形图时要让数据从大到小排序吗？这就是为了让图表看起来整整齐齐。否则会给人不用心、不精致，更不专业的感觉。如果我们要把图表当成一种设计、一种艺术，并乐于使之更完美的话，就要让图表中的元素之间像被无形的线条贯穿在一起一样，排列整齐，整洁自然，这样能使读者觉得更清晰，理解起来更快。

另外，整洁也意味着自然。在图表美化中怎样体现出自然呢？有一个亲近法则，也就是说把相关的内容放在一起。这样，读者会自然而然地假设那些距离较近的内容是相关的，同样也会认为那些距离较远的内容之间联系没有那么紧密，整张图表看起来结构更清晰，不会像一盘散沙。

◎ 对比

Mr.林：对比，是指突出某些重要元素，帮助读者迅速抓住信息。小白你想象一下，在水墨画中的万绿丛中一点红，是不是格外突出那一抹红的娇艳？情节跌宕起伏的电影总会勾起你看下去的欲望吧？相反，读一本平淡无奇的小说会让你感觉味同嚼蜡，而且半天摸不透作者的意图；你也见过许多千篇一律的列表式的简历，让人索然

217

无趣，不待看完就想丢到一旁。

小白：我想起来了，牛董每次提到"我们今年的销售目标是……"声调就突然高了八度，就像图7-32所示的这样，也是通过对比强调其重要性吧，嘿嘿！

图7-32　提到重点时要特别强调

Mr.林：所以，我们要掌握对比的艺术，将它也应用到图表设计中。对比能更深刻地让读者体会到图表所要突出强调的信息，同时调动读者的兴趣。

对比原则运用在图表设计中，主要体现在字体（大小、粗细）、颜色（明暗、深浅）或者构图（分散、前后）上等。在后面的美化技巧中，我会用详细的例子阐述如何巧妙地应用对比原则。

7.2.2　略施粉黛，美化技巧

Mr.林：仅仅知道美化原则只是懂了图像美化的一半，就像是女人的化妆术一样，只会说"我想画得杏面桃腮，柳眉如烟，明眸善睐，再添朱樱小嘴一点点"，却不懂该怎么化妆，都是枉然。

小白机灵地接话：所以我们在了解美化原则的基础上，得学会美化图表的技巧。

Mr.林忙点头：对头！刚刚教会你要做成什么样，现在教你具体怎样去做。

◎　最大化数据墨水比

Mr.林：首先，我要给你介绍一下最大化数据墨水比的概念，即指图表中的每一点墨水都要有存在的理由。小白，你想象一下，若是将完成的这张图表打印出来，会有多少碳粉是必不可少的？有多少碳粉是被浪费掉的？由此可见，数据墨水比也就是简约原则的衍生，对我们的图表应该更多地关注"减"而非"加"，即尽量减少和弱化非数据元素，增强和突出数据元素。

小白：什么是数据元素？什么是非数据元素？

Mr.林：例如在图表中，曲线、条形、扇形等代表的是数据信息，故称为数据元素；而网格线、坐标轴、填充色等跟原始数据无关的就叫作非数据元素。

小白：哦，跟数据源有关系的就是数据元素，跟数据源非亲非故的就是非数据元素，是吧？

Mr.林无奈地笑道：你这样理解也对！小白，是不是想知道怎样做才能最大化数据墨水比？我们现在换一个游戏，不玩"大家来找茬儿"了，玩个"擦擦看"的游戏。如图7-33所示，你想象一下手中拿着橡皮擦，仔细查看图中的每一小块、每一点内容，感觉一下用橡皮擦擦掉它会不会影响数据信息的传递，如果结果不受影响，那就告诉我，我来把它擦掉，直到没有地方可以再被擦掉为止。你来说，我来操作，怎么样？

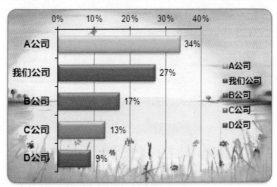

图7-33 修改前的条形图

小白：好的。这张图我都看不下去了，真恐怖，让我想到浓妆艳抹的潘金莲的脸！那我开始"动刀"了。

首先，删除背景不会影响数据结果，可以全部擦掉；竖条的网格线也是一样，可以擦掉；还有，纵坐标有公司名称了，所以图例可以不要；哦，对了，图表边框也可以擦掉！

Mr.林：好的，根据你的指示，去除背景图片、网格线、图例、边框线条，现在条形图变成了图7-34所示的样子，还需要做补充吗？

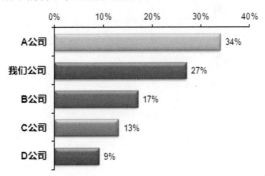

图7-34 小白修改后的条形图

小白：呃……横坐标轴貌似也不用，数据标签不是都已经标出具体数值了吗？

219

Mr.林：对，我们再把横坐标轴去除，纵坐标的线条也可以去除。还有吗？看看数据条？

小白：数据条不是反映数据内容的吗，是不能擦掉的吧？

Mr.林：的确，但是需要用到3D效果吗？之前讲过，3D效果在这里也是多此一举的。

另外再补充一点，我们最关注的信息其实就是"我们公司的市场份额排名第二"，是吧？可在这张图里面重点信息没有合理地凸显出来，花花绿绿的条状图形让读者一下子眼花缭乱，不知道要重点看什么。所以，不需要给每个数据条都加上特别的颜色，只需要将"我们公司"的填充颜色使用蓝色突出显示，其他公司使用灰色填充淡化。

最后，加上一句话标题。这就是最大化数据墨水后的效果图，如图7-35所示。

我们公司的市场份额占据 第二位

A公司	34%
我们公司	27%
B公司	17%
C公司	13%
D公司	9%

图7-35　最大化数据墨水后的条形图

小白：这张图改过之后果然顺眼多了。

Mr.林：那当然。再回顾一下刚刚的过程，看看我们是怎样一步一步做到数据墨水最大化的？一般情况下，数据墨水最大化的步骤如图7-36所示。

1 去掉不必要的背景填充色
2 去掉无意义的颜色分类
3 去掉装饰性的渐变色
4 去掉网格线、边框
5 删掉不必要的图例
6 去掉不必要的坐标轴
7 去掉装饰性图片
8 以上不能去掉的元素就尽量淡化
9 对需强调的数据元素进行突出标识

图7-36　数据墨水最大化的步骤

◉ 找出隐形的线

Mr.林：刚刚讲到整洁原则的时候，提到了一个很重要的评价标准——要让图表中每一个元素像被无形的线条贯穿在一起一样。最好的方法是找一条明确的线，并用它来对齐，从而使元素与元素之间存在着某种视觉纽带。我举一个例子，小白，你看看图7-37所示的员工对薪酬现状与期望评分图，分别是我们员工满意度调查关于薪酬制度的三道题的评分，你觉得有什么问题？

小白无奈地摇摇头：不知道。

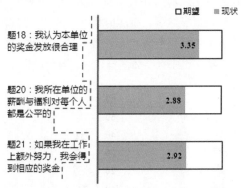

图7-37　员工对薪酬现状与期望评分（修改前）

Mr.林引导小白：你看，这里的题目是左对齐的，也就是在左边有一条明确的线。另外，沿着条形图的左边也有一条明确的线（坐标轴）。不过，在题目和条形图之间"留"了一些空白，看我用红色虚线标记的部分，这部分形状不规则，很难看，而且由于留下的这部分空白，使得题目和条形图隔开了。

另外，还有一个小地方。看它的图例，期望用蓝色外框表示，现状用浅蓝色方块表示，期望数据都是在现状数据的外面的，所以我们的图例也要调换一下两者的顺序，图例中的期望数据靠外，而且不能超出条形图。

调整后的效果如图7-38所示，是不是显得整洁很多？

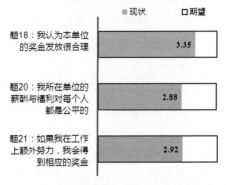

图7-38　员工对薪酬现状与期望评分（修改后）

Mr.林：小白，我用这个例子是想告诉你，在描绘图表的每一个元素时，都要特别注意它的位置，应当找出能够与之对齐的元素，尽管这两者之间的地理位置可能相距很远，但是在图中还是要做到就像是有人在中间牵了一条隐形的线将两者关联起来一样。切记不要一会儿居中一会儿右对齐，在图表上逮着个空白地方就添东西。

◉ 图表喜欢的数字格式

Mr.林：刚刚我们讲找出隐形的线是为了使图表元素显得井然有序，这里再教你一个小技巧以增加图表的整洁感。当我们添加的数据标签很多，或者显示坐标轴刻度很密集时，图表上就会显示很多数字，排版时稍不注意就会显得非常拥挤和凌乱。此时，我们可以将所有数字字体都调整成Arial，数字将会显得"规矩"很多，效果如图7-39所示。如果图表中有英文，那么字体同样建议调整为Arial。

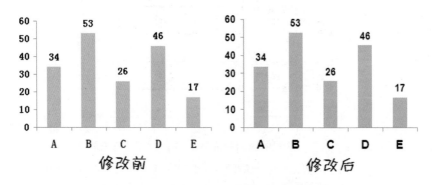

图7-39　数字和英文字体改为Arial

小白：是啊，这样一对比，Arial字体的数字确实比宋体数字好看多了！

◉ 如何突出对比

Mr.林：介绍完整洁原则的美化技巧，我再介绍一下对比原则的技巧。如果你要运用对比原则，突出与众不同的元素，就不要缩头缩脚，要大胆地让它变得非比寻常。

小白：就像图7-35所示的一样，使用醒目的颜色将元素突出吗？

Mr.林：你说对了，最方便快捷的方式，就是改变颜色！利用对比色能增强突出效果。

除此之外，还可使用直线、箭头或者阴影等手法。例如，还记得我教你画的平均线图吗？有时候，我们只是简简单单地加一条参考线，就能进行很好的对比。如图7-40所示，产品的需求量是随着月份而变化的，而产品的每月生产量是由机器固定生产出来的。在图7-40中我们只是简单地添加了一条表示产量为恒定值的直线，就能很清晰地对比出需求量与产量的关系，从而分析产量是否应该做出调整？

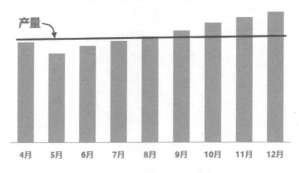

图7-40 对比手法1——参考线

采用箭头的方式也有很不错的强调效果。如图7-41所示，图中描绘的是2005年至2010年某公司销售额的变化情况，这里使用箭头的目的有两个：一是将人们的注意力集中在2009年这个特殊点，由于受金融危机的影响，销售额出现反常的下降；二是箭头的长度反映出下降的幅度。

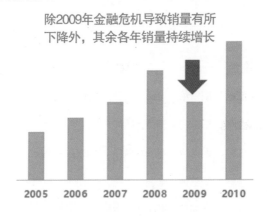

图7-41 对比手法2——箭头

其实，对比的方法有很多，关键在于要动脑筋想，用善于发现的眼睛去挖掘灵感。灵感藏在哪里？动动脑筋，俯首皆是。

如图7-42所示，采用的就是简单且很有意思的对比方式：因为我们已经习惯看完整的饼图，这里故意留出一个缺口，能产生意想不到的效果，更能引人注意。而且缺口部分还起到暗示的作用，提醒你应该将整体补全，箭头更进一步提醒你这一点。

Mr.林：不过，小白，切记对比的目的只有两个。首先是让读者快速地领悟重要信息；其次才是吸引读者的眼球，调动兴趣。不能本末倒置，为了视觉效果，把图表弄得样式繁杂，弄得人不明所以。

所以，记住简约在三个原则中永远稳坐第一把交椅，任何原则都务必以它为前提。

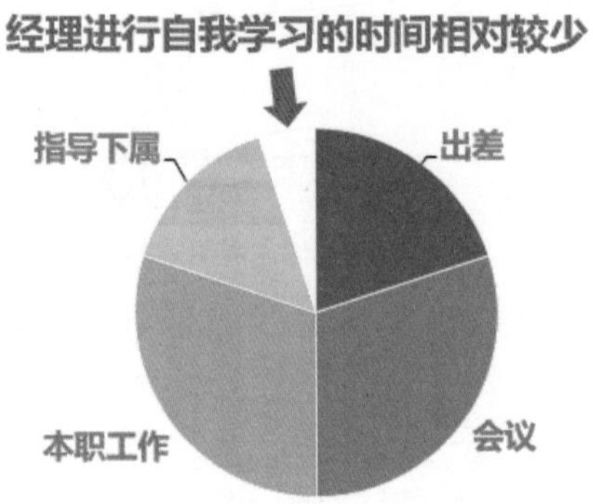

图7-42　利用饼图缺口进行强调

小白：好的，我记住了。

7.2.3　图表也好"色"

Mr.林：小白，衣服的颜色搭配你应该留意过吧？

小白：这回您可算遇上行家了！您教了我这么多，我也教您一招我多年珍藏的秘籍，如图7-43所示。

主色	配色
1.红色	配白色、黑色、蓝灰色、米色、灰色
2.咖啡色	配米色、鹅黄、砖红、蓝绿色、黑色
3.黄色	配紫色、蓝色、白色、咖啡色、黑色
4.绿色	配白色、米色、黑色、暗紫色、灰棕色
5.蓝色	配白色、粉蓝色、酱红色、金色、银色、橄榄绿、橙色、黄色

图7-43　衣服颜色搭配

Mr.林：看样子，你对颜色还比较有研究。色彩学可是一门大学问，但我们并不需要精通，懂点三脚猫功夫，在职场里无论是美化图表还是制作PowerPoint都会加分不少。

其实色彩搭配在生活中无处不在，例如刚刚说的服装搭配，还有家居装饰、宣传广告等，平常我们都可以多留意，毕竟我们的生活就是多姿多"彩"的嘛！

◉ 色彩的C大调

Mr.林：颜色这东西说来话长，我们不是搞美术的，也不是搞广告设计的，所以了解基本原理就够用了。就像乐律，我只懂个C大调，可唱歌从不跑调。

小白：嘿嘿！

Mr.林：不开玩笑了，要了解色彩的基础知识首先从学习色环开始。

（1）色环

小白：哇，图7-44所示的色环，我看得都眼花缭乱了！

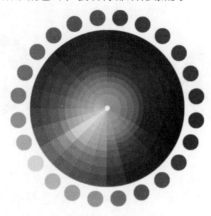

图7-44　色环

Mr.林：别慌，其实色环里只有最基本的三种颜色——红、黄、蓝，它们是色环中所有颜色的"本源"，其他颜色都是由这三种颜色调和出来的。

小白：嗯，好像在小学美术课上学过。

Mr.林：然后，三原色两两混合，组成了二次色，红+黄=橙，黄+蓝=绿，红+蓝=紫。二次色所处的位置是两种原色一半的地方；二次色再两两搭配，组成了三次色，三次色即由相邻的两个二次色调和而成，如图7-45所示。

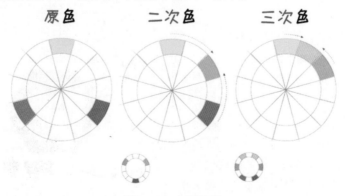

图7-45　色调原理

Mr.林：色彩还可以继续两两调和下去，现在你懂了吧，重要的是每一种颜色都拥有部分相邻的颜色，如此循环成一个色环。

小白：原来是这样，我有点明白了。

（2）相似色

相似色是由一种色调及其相应的多种亮色和暗色组成的，如图7-46的左图所示。相似色组合在一起给人的感觉很素雅、正式，但是也要注意可能会导致的两个问题：①画面较平淡；②对象间区分度不够，有时候会让人忽视各个对象之间的差别。

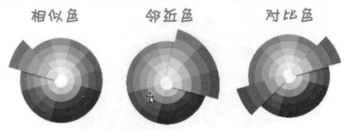

图7-46　相似色·邻近色·对比色

（3）邻近色

邻近色，顾名思义就是色环上相邻的颜色，如图7-46中间的图所示，橙黄色、橙色和橙红色，它们都有相同的基础色，所以邻近色的色调统一和谐，能够带给观众一种明显情感特征。

（4）对比色

色环上相对的颜色是对比色，由于它们相互对立，所以用于强调和对比时。例如，在表示产品的盈亏情况时，盈利可以用蓝色，亏损可以用红色表示。最常用的对比色是：深色与浅色、亮色与暗色、冷色与暖色，其中深色与浅色的经典用色是黑色与白色。

（5）冷暖色

小白：什么是冷色与暖色啊？

Mr.林：除了相似色、邻近色、对比色的区分之外，颜色还有冷暖之分。冷色调给人的感觉是安静的、冷酷的、稳重的，暖色调给人的感觉是热情的、奔放的、温暖的。

小白：那红色肯定是暖色调，而蓝色是冷色调？还有哪些颜色是暖色调呢？

Mr.林：其实不需要刻意记忆哪些是冷色调哪些是暖色调，这主要取决于你想带给别人的感觉。在Excel的标准调色板里，左上方是冷色调，右下方是暖色调，如图7-47所示。

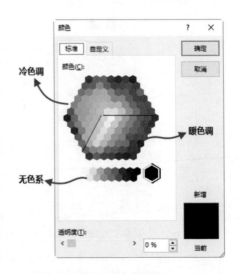

图7-47　冷暖色

在这里，我要告诉你的是，我们可以通过增加一些红色或黄色将某些颜色"加热"，也可以增加不同程度的蓝色对其"降温"；另外，冷色总趋于后退，而暖色是趋于前进的，所以，暖色不费吹灰之力就会抢走你的视线。

讲了这么多色彩知识，最后我将概要做个总结，如图7-48所示。

项目	说明
色系	同色系（红、黄、蓝、绿等）、无色系（黑、白、灰）
色调	暖色调（代表色：红、黄，火热感觉），一般冬、春季使用 冷色调（代表色：绿、蓝，冰凉感觉），一般夏、秋季使用
对比色	对比色指两种可以明显区分的色彩，如深色和浅色、冷色和暖色、亮色和暗色，可用于突出主题、内容或表现不同类别等
相似色	相似色指一种颜色在明度上的深浅变化（也就是同色系的颜色），如蓝色有深蓝、浅蓝等颜色，可用于表现类似、过渡
邻近色	邻近色指如偏绿的蓝色、偏紫的蓝色，都是蓝色邻近绿色和紫色之间的颜色，可用于表现类似、过渡

图7-48 色彩知识汇总

◉ 慎用的颜色

Mr.林：在所有颜色中，有三个颜色在使用的时候要注意，小白，你知道是哪三个吗？

小白：不会是交通指示灯那三种颜色吧？

Mr.林：没错，正是红色、黄色和绿色这三种颜色，因为它们具有特殊的含义，如图7-49所示。

红绿灯	交通	企业经营分析
红	危险，禁止通行	显示指标存在重大问题
黄	提醒即将有危险，起警示作用	显示指标存在潜在问题
绿	表示安全，准许通行	显示指标发展良好

图7-49 红绿灯

红色代表禁止或者危险，黄色代表警告和提醒，绿色代表安全、正常，所以在我们的图表里也要注意按照它们的含义来使用，而且尽量避免使用红色。

还记得我们在讲"给数据量体裁衣"的"图标集"时讲到的例子吗？如图7-50所示。

项目	A企业	B企业	C企业
第一季度收入目标（亿元）	1	1	1
完成值（亿元）	1.1	0.95	0.73
完成率	✔ 110%	🙂 95%	✖ 73%

图7-50 2010年第一季度某集团下属三个企业收入目标及完成情况

我们当时设置的规则为：完成率大于或等于100%的企业，用绿色带钩圆圈表示，完成率大于或等于90%且小于100%的用黄色带感叹号圆圈表示，小于90%的用红色带叉圆圈表示。其实这里特别注意了颜色的内在含义：用绿色标记完成业绩目标的企业，红色标记未完成业绩的企业，黄色标记快完成业绩目标的企业。

7.3　本章小结

Mr.林：到现在为止，基本上所有的图表技巧我都倾囊相授了。现在我们来简要回顾一下今天学过的知识。

小白：好的。

Mr.林：今天主要讲了制作专业图表的两部分内容。

★　介绍了图表的基本组成要素，制作图表时的注意事项，并且举出了一些在报刊、杂志、网站上故意被夸大了的或者隐瞒了事实的图表，让你看到图表背后的真相，并引以为戒不犯同样的错误。

★　讲解了图表最大化数据墨水比原则、图表配色等图表美化技巧。

小白：嗯，都是非常实用的技巧，以前都不知道图表还有这么多"内幕"呢。

Mr.林：嘿嘿！当然我们还讲到要有专业精神，多问几个"为什么"。

小白，现在你问问自己：我专业吗？

看小白迟疑没有回答，Mr.林继续说道：其实，我并不是要你马上回答。专业是一种长期的修行，不是短时间就能达到的。所以，永远不要满足于现状。"路漫漫其修远兮"，要不断努力，怀揣永不厌倦的好奇心和进取心，才能走向卓越。

第8章

专业的报告，体现你的职场价值

什么是数据分析报告

报告的结构

撰写报告时的注意事项

报告范例

Mr.林，
这是分析报告。

小白，干得不错!

在得到Mr.林数据分析方法及图表制作的真传后，经过两天的数据分析与图表制作，小白终于将数据结果整理出来，并用PowerPoint制作成一份所谓的员工满意度调查报告。不过她这次留了个心眼儿，先请Mr.林帮忙指导，待检查过关后，再递交给牛董，免得又被牛董狠批一顿。

小白带着她完成的报告来到Mr.林办公桌前：Mr.林，真不好意思又来打扰您。

Mr.林：说吧，又遇到什么难分析的数据了？

小白连忙解释道：不是不是，经过您的指点，数据已经分析完了，并且我也写了报告，想先请您帮忙指导指导。

Mr.林：不错嘛。来，让我看看你的报告。

Mr.林接过小白手中的报告，翻了翻，眉头逐渐锁紧。小白也观察到Mr.林的表情变化，不免担心起来。

看完报告Mr.林终于开口说话了：小白，我建议你先别交给牛董，恐怕你还要加加班改一下报告。

小白：好的，听您的，请问我要怎么改呢？

Mr.林：别急，让我先跟你说说如何写报告，说完后你自然就知道该怎么改了。不过这个可不是我说一说你就能完全学会的。要做到真正的应用自如，还是需要一段时间的体会和积累的。

小白笑嘻嘻地说道：好好，那我们就快点开始吧。

8.1 什么是数据分析报告

Mr.林：小白，首先我们来了解一下什么是数据分析报告。

8.1.1 数据分析报告是什么

数据分析报告是用于分析研究事物的现状、问题原因，并得出结论，提出解决方案的一种应用文体。

这种文体是决策者认识事物、了解事物、掌握信息的主要工具之一，数据分析报告通过对事物相关数据进行全方位的科学分析来评估其环境及发展情况，为决策者提供科学、严谨的依据。

8.1.2 数据分析报告的原则

Mr.林：接下来，我们来看看撰写数据分析报告有哪些原则，如图8-1所示。

图8-1　撰写数据分析报告的原则

（1）规范性原则

数据分析报告中所使用的名词术语一定要规范，标准统一，前后一致，要与业内公认的术语一致。

（2）重要性原则

数据分析报告一定要体现数据分析的重点，在各项数据分析中，应该重点选取关键指标，科学专业地进行分析。此外，针对同一类问题，其分析结果也应当按照问题重要性的高低来分级阐述。

（3）谨慎性原则

数据分析报告的编制过程一定要谨慎，基础数据必须真实完整，分析过程必须科学、合理、全面，分析结果要可靠，内容要实事求是。

（4）创新性原则

当今科学技术的发展可谓日新月异，许多科学家提出了各种新的研究模型或者分析方法。数据分析报告需要适时地引入这些内容，一方面可以用实际结果来验证或改进它们，另外一方面也可以让更多的人了解到全新的科研成果，使其发扬光大。

总之，一份完整的数据分析报告，应当围绕目标确定范围，遵循一定的前提和原则，系统地反映存在的问题及原因，从而进一步找出解决问题的方法。

8.1.3　数据分析报告的作用

Mr.林：小白，接下来为你介绍数据分析报告的作用，不要写了半天数据分析报告，都不知道自己为什么要写这个报告。

小白：是啊，之前我在写这份报告时也一直在思考，到底为什么要去写它？

Mr.林：作为数据分析的结果，无论其数据搜集过程有多么科学，数据分析方法有多么高深，数据处理方法有多么先进，如果不能将它们有效地组织及展示出来，并与决策者进行沟通与交流，就无法向决策者提供一个满意的解决方案。

因此，数据分析报告实质上是一种沟通与交流的形式，主要目的在于将分析结果、可行性建议以及其他有价值的信息传递给管理人员。它需要对数据进行适当的包装，让阅读者能对结果做出正确的理解与判断，并可以根据其做出有针对性、操作性、战略性的决策。

数据分析报告主要有三个方面的作用，即展示分析结果、验证分析质量，以及为决策者提供参考依据，如图8-2所示。

图8-2　数据分析报告的三大作用

（1）展示分析结果

报告以某种特定的形式将数据分析结果清晰地展示给决策者，使得他们能够迅速理解、分析、研究问题的基本情况、结论与建议等内容。

（2）验证分析质量

从某种角度上来讲，分析报告也是对整个数据分析项目的一个总结。通过报告中对数据分析方法的描述、对数据结果的处理与分析等几个方面来检验数据分析的质量，并且让决策者能够感受到整个数据分析过程是科学并且严谨的。

（3）提供决策参考

大部分的数据分析报告都是具有时效性的，因此所得到的结论与建议可以作为决策者在决策时的一个重要参考依据。虽然大部分决策者（尤其是高层管理人员）没有时间去通篇阅读分析报告，但是在其决策过程中，报告的结论与建议或其他相关章节将会被重点阅读，并根据结果辅助其最终决策。所以，分析报告是决策者二手数据的重要来源之一。

8.1.4　数据分析报告的种类

Mr.林：由于数据分析报告的对象、内容、时间、方法等存在不同，因而存在着不同形式的报告类型。我们常用的几种数据分析报告有专题分析报告、综合分析报告、日常数据通报等，如图8-3所示。

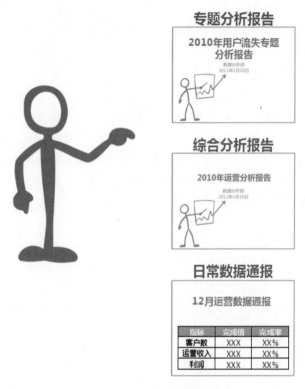

图8-3　数据分析报告种类

◉ 专题分析报告

专题分析报告是对社会经济现象的某一方面或某一个问题进行专门研究的一种数据分析报告，它的主要作用是为决策者制定某项政策、解决某个问题提供决策参考和依据。

专题分析报告具有以下两个特点。

（1）内容单一性

专题分析报告不要求反映事物的全貌，主要针对某一方面或某一问题进行分析，如用户流失分析、提升用户消费分析、提升企业利润率分析等。

（2）分析的深入性

由于专题分析报告内容单一、重点突出，因此便于集中精力抓住主要问题进行深入分析。它不仅要对问题进行具体描述，还要对引起问题的原因进行分析，并且提出切实可行的解决办法。这就要求报告制作者对公司业务的认识要有一定的深度，由感性上升至理性，切忌蜻蜓点水，泛泛而谈。

◎ 综合分析报告

综合分析报告是全面评价一个地区、单位、部门业务或其他方面发展情况的一种数据分析报告。例如世界人口发展报告、全国经济发展报告、某企业运营分析报告等。

综合分析报告具有以下两个特点。

（1）全面性

综合分析报告反映的对象，无论是一个地区、一个部门还是一个单位，都必须以这个地区、这个部门、这个单位为分析总体，站在全局的高度，反映总体特征，做出总体评价，得出总体认识。在分析总体现象时，必须全面、综合地反映对象各个方面的情况。例如在介绍分析方法论时提到的4P分析法，就是从产品、价格、渠道、促销四个角度进行企业运营分析的。

（2）联系性

综合分析报告要把互相关联的一些现象、问题综合起来进行全面系统的分析。这种综合分析不是对资料的简单罗列，而是在系统地分析指标体系的基础上，考察现象之间的内部联系和外部联系。这种联系的重点是比例关系和平衡关系，分析研究它们的发展是否协调，是否适当。因此，从宏观角度反映指标之间关系的数据分析报告一般属于综合分析报告。

◎ 日常数据通报

日常数据通报是以定期数据分析报表为依据，反映计划执行情况，并分析其影响和形成原因的一种数据分析报告。这种数据分析报告一般是按日、周、月、季、年等时间阶段定期进行，所以也叫定期分析报告。

它可以是专题性的，也可以是综合性的。这种分析报告的应用十分广泛，各个企业、部门都在使用。

日常数据通报具有以下两个特点。

（1）进度性

由于日常数据通报主要反映计划执行情况，因此必须把计划执行的进度与时间的进展结合起来分析，观察比较两者是否一致，从而判断计划完成得好坏。为此，需要进行一些必要的计算，通过一些绝对数和相对数指标来突出进度。

（2）规范性

日常数据通报基本上是数据分析部门的例行报告，定期向决策者提供。所以这种分析报告就形成了比较规范的结构形式。一般包括以下几个基本部分：

★ 反映计划执行的基本情况。

★ 分析完成或未完成的原因。

★ 总结计划执行中的成绩和经验，找出存在的问题。

★ 提出措施和建议。

这种分析报告的标题也比较规范，一般变化不大，有时为了保持连续性，标题只变动一下时间，如《XX月XX日业务发展通报》。

（3）时效性

由日常数据通报的性质和任务决定，它是时效性最强的一种分析报告。只有及时提供业务发展过程中的各种信息，才能帮助决策者掌握企业经营的主动权，否则将会丧失良机，贻误工作。

对于大多数公司而言，这些报告主要通过微软Office中的Word、Excel和Power-Point系列软件来表现。这三种软件各有优劣势，具体内容如图8-4所示。

项目	Word	Excel	PowerPoint
优势	●易于排版 ●可打印装订成册	●可含有动态图表 ●结果可实时更新 ●交互性更强	●可加入丰富的元素 ●适合演示汇报 ●增强展示效果
劣势	●缺乏交互性 ●不适合演示汇报	●不适合演示汇报	●不适合大篇文字
适用范围	●综合分析报告 ●专题分析报告 ●日常数据通报	●日常数据通报	●综合分析报告 ●专题分析报告

图8-4　Office各软件制作报告的优劣势对比

8.2　报告的结构

小白：Mr.林，现在我已经明白了数据分析报告的三大作用和四项基本原则，以后我在写报告时，就会更有目的地来组织行文。刚才看到你在阅读我的报告时，似乎不太满意。是不是我写的有什么问题呀？

Mr.林：从内容上来说，并不是不好，但是从整体来看，报告的结构不完整，导致内容太散，不利于阅读。

小白：也就是说在撰写数据分析报告时，需要遵从某种特定的结构?

Mr.林：数据分析报告确实是有特定结构的，但是这种结构并非一成不变，不同的数据分析师、不同的老板、不同的客户、不同性质的数据分析，其最后的报告可能会有不同的结构。最经典的报告结构还是"总—分—总"结构，它主要包括：开篇、正文和结尾三大部分，如图8-5所示。

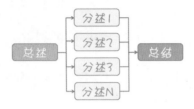

图8-5 "总—分—总"报告结构

在数据分析报告结构中，"总—分—总"结构的开篇部分包括标题页、目录和前言（主要包括分析背景、目的与思路）；正文部分主要包括具体分析过程与结果；结尾部分包括结论、建议及附录。下面我将对这几部分进行具体介绍。

8.2.1 标题页

Mr.林：顾名思义，标题页需要写明报告的题目，题目要精简干练，根据版面的要求在一、两行内完成。标题是一种语言艺术，好的标题不仅可以表现数据分析的主题，而且能够激发读者的阅读兴趣，因此需要重视标题的制作，以增强其艺术性的表现力。标题的几种常用类型如图8-6所示。

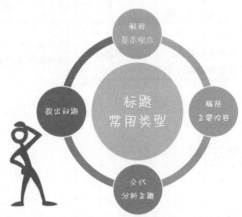

图8-6 标题的常用类型

◎ 标题常用的类型

（1）解释基本观点

这类标题往往用观点句来表示，点明数据分析报告的基本观点，如《不可忽视高价值客户的保有》《语音业务是公司发展的重要支柱》等。

（2）概括主要内容

这类标题重在叙述数据反映的基本事实，概括分析报告的主要内容，让读者能抓住全文的中心，如《我公司销售额比去年增长30%》《2010年公司业务运营情况良好》等。

（3）交代分析主题

这类标题反映分析的对象、范围、时间、内容等情况，并不点明分析师的看法和主张，如《发展公司业务的途径》《2010年运营分析》《2010年部门业务对比分析》等。

（4）提出问题

这类标题以设问的方式提出报告所要分析的问题，引起读者的注意和思考，如《客户流失到哪里去了》《公司收入下降的关键何在》《1500万收入的利润是怎样获得的》。

◎ 标题的制作要求

（1）直接

数据分析报告是一种应用性较强的文体，它直接用来为决策者的决策和管理服务，所以标题必须用清晰的语言，直截了当、开门见山地表达基本观点，让读者一看标题就能明白数据分析报告的基本精神，从而加快对报告内容的理解。

（2）确切

标题的撰写要做到文题相符，宽窄适度，恰如其分地表现分析报告的内容和对象的特点。

（3）简洁

标题要直接反映出数据分析报告的主要内容和基本精神，就必须具有高度的概括性，用较少的文字集中、准确、简洁地进行表述。

◎ 标题的艺术性

数据分析报告的标题大多容易雷同，如《关于XXX的调查分析》《对XXX的分析》等，这类模式化的标题使用太泛，千篇一律，必然会影响读者的阅读兴趣。因此，标题的撰写，除了要符合直接、确切、简洁三点基本要求外，还应力求新鲜活泼、独具特色，增强艺术性。

要使标题具有艺术性，就要抓住对象的特征展开联想，适当运用修辞手法给予突出和强调，如《我的市场我做主》《我和客户有个约会》等。

有时，报告的作者也要在题目下方出现，或者在报告中要给出所在部门的名称。为了将来方便参考，还应当注明完成报告的日期，这样能够体现出报告的时效性，如图8-7所示。

图8-7　报告标题页示例

8.2.2　目录

Mr.林：目录可以帮助读者快捷方便地找到所需的内容，因此，要在目录中列出报告主要章节的名称。如果是在Word中撰写报告，在章节名称后面还要加上对应的页码，对于比较重要的二级目录，也可以罗列出来，如图8-8所示。所以，目录从另外一个角度说，相当于数据分析大纲，它可以体现出报告的分析思路。但是目录也不要太过详细，因为这样阅读起来让人觉得冗长并且耗时。

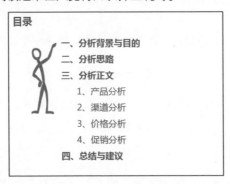

图8-8　报告目录示例

此外，公司或企业的高层管理人员通常没有时间阅读完整的报告，他们仅对其中一些以图表展示的分析结论感兴趣。因此，当书面报告中有大量图表时，可以考虑将各章图表单独制作成目录，以便日后更有效地使用。

8.2.3　前言

Mr.林：前言是分析报告的一个重要组成部分，主要包括分析背景、目的及思路三方面，即，

① 为何要开展此次分析？有何意义？

② 通过此次分析要解决什么问题？达到何种目的？

③ 如何开展此次分析？主要通过哪几方面开展？

所以，前言的写作一定要经过深思熟虑，前言内容是否正确，对最终报告是否能解决业务问题、能否给决策者提供有效依据起决定性作用。

◉ 分析背景

对数据分析背景进行说明主要是为了让报告阅读者对整个分析研究的背景有所了解，主要阐述此项分析的主要原因、分析的意义，以及其他相关信息，如行业发展现状等内容，如图8-9所示。

分析背景与目的

- 经过近几年的发展，公司的客户规模达到XX万户，业务收入达XX万元，在诸多方面都取得了令人瞩目的增长，也使业务发展至一个新的阶段。
- 在公司业务高增长、快发展的同时，接踵而至的是行业竞争不断加剧、销售单价不断下降、产品结构也日趋不合理。
- 期望通过对公司的业务进行诊断分析，以及剖析已发现的问题，为明年的运营工作提供参考与指导，为取得新的成绩打下坚实的基础。

图8-9　分析背景与目的示例

◉ 分析目的

数据分析报告中陈述分析目的主要是为了让报告的阅读者了解开展此次分析能带来何种效果？可以解决什么问题？有时将研究背景和目的合二为一，如图8-9所示。

通过分析企业市场环境的变化，及时回答市场拓展工作中需要研究解决的各种问题，把握市场机会，借以指导并推动市场拓展工作，所以分析报告需要有一个明确的分析目的。目的越明确，针对性就越强，越能及时解决问题，就越有指导意义。反之，数据分析报告就没有生命力。

◉ 分析思路

分析思路用来指导数据分析师如何进行完整的数据分析，即确定需要分析的内容或指标。这是分析方法论中的重点，也是很多人常常感到困惑的问题。只有在营销、管理理论的指导下，才能确保数据分析维度的完整性，分析结果的有效性及正确性，如图8-10所示。

在报告的分析思路中，有时会使用到高级的数据分析方法，如回归、聚类等，此时，需要在分析思路中对使用到的高级分析方法略加说明，不需要涉及太过专业的描述，只需把分析原理进行言简意赅的阐述，以让报告阅读者对此有所了解。

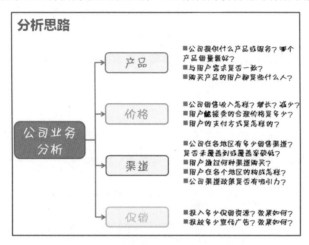

图8-10　报告分析思路示例

8.2.4　正文

Mr.林：正文是数据分析报告的核心部分，它将系统全面地表述数据分析的过程与结果。

撰写报告正文时，根据之前分析思路中确定的每项分析内容，利用各种数据分析方法，一步步地展开分析，通过图表与文字相结合的方式，形成报告正文，方便阅读者理解，如图8-11所示。

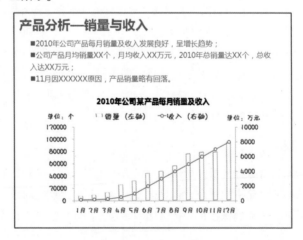

图8-11　报告正文示例

　　正文通过展开论题，对论点进行分析论证，以表达报告撰写者的见解和研究成果的中心部分，占分析报告的绝大部分篇幅。一篇报告只有想法和主张是不行的，必须经过科学严密的论证，才能确认观点的合理性和真实性，才能使别人信服。因此，报告主题部分的论证是极为重要的。

报告正文具有以下几个特点：

★ 是报告最长的主体部分。

★ 包含所有数据分析事实和观点。

★ 通过数据图表和相关的文字结合分析。

★ 正文各部分具有逻辑关系。

8.2.5 结论与建议

Mr.林：报告的结尾是对整个报告的综合与总结、深化与提高，是得出结论、提出建议、解决问题的关键所在，它具有画龙点睛的作用。好的结尾可以帮助读者加深认识，明确题旨，引起思考，如图8-12所示。

结论与建议

■各产品销量结构相对合理，销售收入发展良好，呈上升趋势

■华南与华东两地区未来市场拓展潜力大，市场拓展空间较大

■XXX促销方式更能促进其销量增长，但XXX广告投放方式效果不甚理想

■……

建议公司对以下发展策略进行商榷：

■ 主推XXX产品，并将XXX产品价格进行调整

■ 集中公司资源大力拓展华南、华东地区市场

■ 重新考量XXX产品的广告投放方式

■ ……

图8-12 报告结论与建议示例

◉ 结论

结论是以数据分析结果为依据得出的分析结论，通常以综述性文字来说明。它不是分析结果的简单重复，而是结合公司实际业务，经过综合分析、逻辑推理，形成的总体论点。结论是去粗取精、由表及里归纳出的具有共同的、本质的规律，它与正文紧密衔接，与前言相呼应，使分析报告首尾呼应。结论应该措辞严谨、准确、鲜明。

分析报告需要有明确的结论，经常有分析师在报告中写道："XX月公司收入1000万元，环比上月上升10%"，然后就不知道该如何继续写了。其实，这并非结论，而仅

仅是基于现状的描述。作为分析师，应该解读出这些数据的大小对于公司业务来说意味着什么？例如，告诉大家公司收入1000万元，这个收入规模对于公司来说是大还是小？环比上升10%，这个增长速度是快还是慢？在同等收入规模下，如果竞争对手收入增长5%，说明本公司的收入增长快，如果竞争对手收入增长15%，那么就说明本公司的收入增长慢。

所以结论是基于现状通过对比，并结合实际业务情况推论得到的结果（见图8-13），对事物做出的总结判断，没有明确结论的分析称不上分析，同时也失去了报告的意义，这是因为，最初的分析目的就是为了寻找或者求证一个结论才进行数据分析的，所以千万不要舍本逐末。

图8-13　结论形成过程

报告中的结论同样要满足金字塔结构，图8-14所示，即通过一些数据、图表得到一些分点结论，然后再对这些分点结论综合提炼出主要结论，每个层级之间都需要满足一定的逻辑关系，最终形成体系化、结构化的关系。

图8-14　金字塔结构

◉ 建议

建议是根据数据分析结论对企业发展或具体业务等所面临的问题而提出的改进方法，通常它们具有策略性或战略意义，因此，建议主要关注在保持优势及改进劣势等方面。

好的分析报告一定要有建议或解决方案，并且需要具有可行性。作为决策者，需要的不仅仅是找出问题，更重要的是下一步的行动计划或解决方法，以便决策者在制定策略时进行参考。所以，数据分析师不仅需要掌握数据分析方法，而且还要了解和熟悉业务，这样才能根据发现的业务问题，提出具有可行性的建议或解决方案。好的分析与建议一定出自对产品和运营的透彻理解。

8.2.6　附录

小白：以上应该就是数据分析报告的基本结构了吧？

Mr.林：没错，但是还有一个部分不容忽视，那就是报告的附录。它是数据分析报告的一个重要组成部分。一般来说，附录提供正文中涉及而未予阐述的有关资料，有时也含有正文中提及的资料，从而向读者提供一条深入数据分析报告的途径。它主要包括报告中涉及的专业名词解释、计算方法、重要原始数据、地图等内容。每个内容都需要编号，以备查询，如图8-15所示。

当然不是要求每篇报告都要有附录，附录是数据分析报告的补充，并不是必需的，应该根据各自的情况决定是否需要在报告结尾处添加附录。

附录A—数据透视表术语

术语	内容
轴	数据透视表中的一个维度，例如行、列或页
数据源	创建数据透视表的数据表、数据库等
字段	数据信息的种类，相当于数据表中的列
字段标题	描述字段内容的标志，可通过拖动字段标题对数据透视表进行透视分析
透视	通过改变一个或多个字段的位置来重新安排数据透视表
汇总函数	Excel用来计算表格中数据的值的函数。数值和文本的默认汇总函数分别是求和与计数
刷新	重新计算数据透视表，以反映目前数据源状态

图8-15　报告附录示例

8.3　撰写报告时的注意事项

小白：这么说，在撰写报告之前，需要先构建出清晰合理的报告结构，之后再详尽地进行分析？

Mr.林：不，分析报告的内容最好详略得当，一份分析报告的价值，并不取决于其篇幅的长短，而在于其内容是否丰富，结构是否清晰，是否有效反映业务真相，建议是否行之有效。因此，在撰写报告时，有以下几个问题需要特别注意。

（1）结构合理，逻辑清晰

一份优秀的报告，应该有非常明确、清晰的架构，简洁、清晰的数据分析结果。

如果报告的分析过程逻辑混乱、各章节界限不清晰、没有按照业务逻辑或内在联系有条理地论证等，那么报告阅读者就无法从中得出有用的决策依据。因此，分析报告的结构是否合理、逻辑条理是否清晰是决定此份报告成败的关键因素。

（2）实事求是，反映真相

数据分析报告最重要的就是必须具备真实性。真实性的含义不仅包括基于分析得到的结论是事实，而且包括数据在内，不允许有虚假和伪造的现象存在。此外，对事实的分析和说明也必须遵从科学、实事求是的做法，符合客观事物的本来面目。一定要保持中立的态度，不要加入自己的主观意见。

（3）用词准确，避免含糊

分析报告中的用词必须准确，即如实、恰如其分地反映客观情况，在分析报告中最好的做法就是尽量用数据说话，避免使用"大约""估计""更多（或更少）""超过50%"等模糊的字眼。分析报告必须明确告知阅读者：什么情况合理（或好），什么情况不合理（或坏）。

（4）篇幅适宜，简洁有效

分析报告的价值主要在于提供给决策者所需要的信息，并且这些信息能够解决他们的问题。换句话说，就是报告要满足决策者的需求。如果一份关于消费者满意度的分析研究报告中没有回答满意度的驱动因素，没有关于满意指标的评估等有价值的内容，报告写得再长也没有太大的参考意义。

（5）结合业务，分析合理

一份优秀的分析报告不能仅基于数据分析问题，或简单地看图说话，必须紧密结合公司的具体业务才能得出可实行、可操作的建议，否则将是纸上谈兵，脱离实际。因此，分析结果需要与分析目的紧密结合起来，切忌远离目标的结论和不现实的建议。当然，这也就要求数据分析人员对业务有一定的了解，如果对业务不了解或不熟悉，可请业务部门的同事一起参与讨论分析，以得出正确的结论及提出合理的建议。

8.4　报告范例

Mr.林：刚才说了那么多，估计你已经听得头晕了吧？

小白茫然地看着Mr.林：是有一些晕了，不过我已经记好笔记了，会好好复习的。

Mr.林：嘿嘿！我来给你看一份数据报告的范例，这样会比较有感觉。

小白立刻兴奋了起来，连说：好啊，好啊。

Mr.林拿出一份数据报告，边翻边给小白讲解起来：这个是报告的标题页，如图8-16所示，你应该不陌生了。

2010年运营分析报告
数据分析部
2011年1月10日

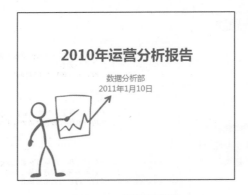

图8-16　报告标题页

Mr.林：接下来是报告的目录，如图8-17所示，里面列出了主要章节的名称，这样就能对整份报告的分析思路一目了然。

目录
一、分析背景与目的
二、分析思路
三、分析正文
1、产品分析
2、渠道分析
3、价格分析
4、促销分析
四、总结与建议

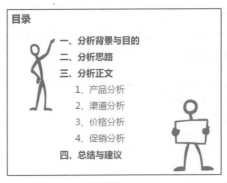

图8-17　报告目录

Mr.林：下一页是报告的前言，如图8-18所示，包括了分析背景与目的。

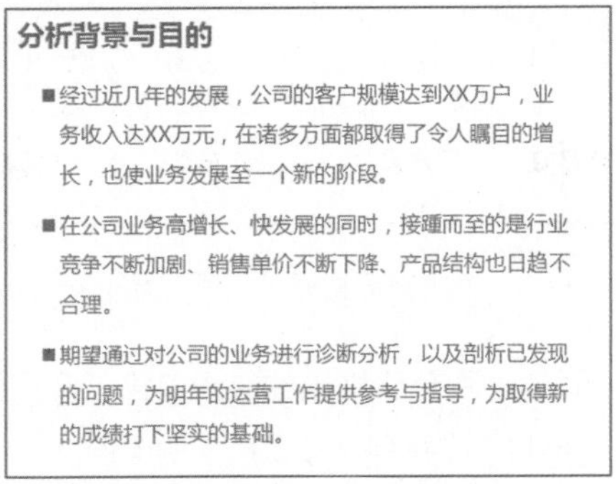

分析背景与目的
■经过近几年的发展，公司的客户规模达到XX万户，业务收入达XX万元，在诸多方面都取得了令人瞩目的增长，也使业务发展至一个新的阶段。
■在公司业务高增长、快发展的同时，接踵而至的是行业竞争不断加剧、销售单价不断下降、产品结构也日趋不合理。
■期望通过对公司的业务进行诊断分析，以及剖析已发现的问题，为明年的运营工作提供参考与指导，为取得新的成绩打下坚实的基础。

图8-18　报告的前言

Mr.林：之后就是重头戏了——报告的分析思路，如图8-19所示。这里清晰地展现了数据报告的分析结构，当然也方便读者就自己所关心的部分重点阅读。

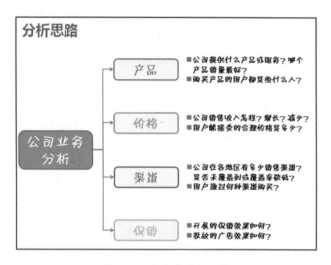

图8-19　报告的分析思路

Mr.林：下一页就开始报告的正文分析了。首先是产品分析，如图8-20所示，这页主要介绍公司产品的销量构成情况。

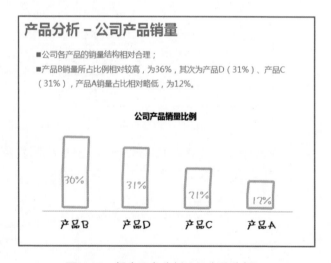

图8-20　报告正文分析——产品分析(1)

Mr.林：下面的这一页通过百分比堆积柱形图回答了产品分析的第二个问题，如图8-21所示，清晰地表现出用户在每种产品上所占的比例。

Mr.林：接下来是第二个分析主题——价格分析。首先通过堆积柱形图显示出公司产品的月度平均销售收入走势，如图8-22所示，通过这张图，读者能够很快了解产品在2010年的销售情况。

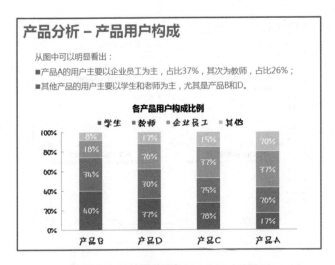

图8-21 报告正文分析——产品分析(2)

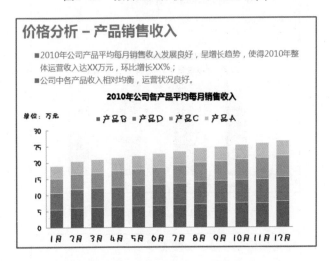

图8-22 报告正文分析——价格分析(1)

Mr.林：价格分析的第二点是产品最优价格点分析。这份报告中采用折线图展现，如图8-23所示，能够明显看出两条曲线的交叉点即产品的最优价格点。

Mr.林：价格分析完毕后，就进入第三个主题——渠道分析。首先用百分比堆积柱形图表现各销售渠道在各地区的分布情况，如图8-24所示。这里能够直观地看出产品在特定地区的主要销售渠道是什么。

Mr.林：对于产品市场覆盖率的分析，这里用条形图展现，如图8-25所示。其中蓝色的部分表示市场覆盖率，粉色的部分则表示用户分布。粉蓝条的此消彼长能够说明产品在市场上的覆盖情况，以及未来的市场发展潜力。

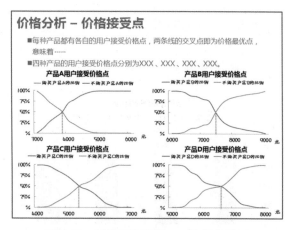

图8-23　报告正文分析——价格分析(2)

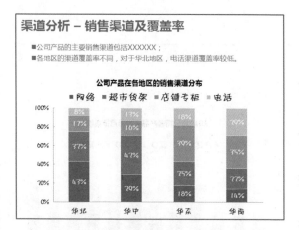

图8-24　报告正文分析——渠道分析(1)

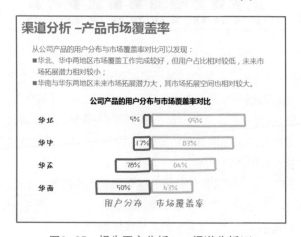

图8-25　报告正文分析——渠道分析(2)

Mr.林：接下来，再用百分比堆积柱形图显示公司产品在每种渠道下的销售比例，如图8-26所示。建议类似这样的分析可以先按某一产品的比例高低进行排列，做出的图就能够让读者一目了然。

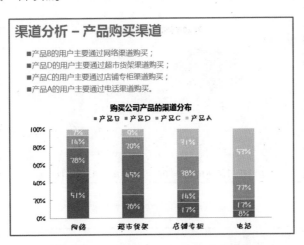

图8-26　报告正文分析——渠道分析(3)

Mr.林：报告中的最后一项分析是促销分析。首先对产品的促销活动进行分析，如图8-27所示。通过柱形图，直观形象地描述出产品A在2010年通过促销活动使销售收入有所增长，以此反映该促销活动对产品销售起到的积极作用。

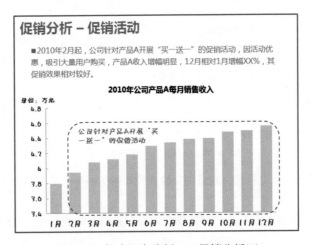

图8-27　报告正文分析——促销分析(1)

Mr.林：接着是广告投放分析，如图8-28所示。用柱形图显示出产品C在投放广告后销售收入的涨幅。但是由结果可以发现，该广告并未明显促进产品C的销售。

Mr.林：正文分析到此告一段落，最后是根据前面的分析得出的结论和建议，如图8-29所示。

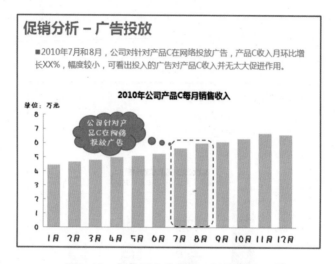

图8-28　报告正文分析——促销分析(2)

结论与建议

- 各产品销量结构相对合理，销售收入发展良好，呈上升趋势
- 华南与华东两地区未来市场拓展潜力大，市场拓展空间较大
- XXX促销方式更能促进其销量增长，但XXX广告投放方式效果不甚理想
- ……

建议公司对以下发展策略进行商榷：

- 主推XXX产品，并将XXX产品价格进行调整
- 集中公司资源大力拓展华南、华东两地区市场
- 重新考量XXX产品的广告投放方式
- ……

图8-29　报告结论和建议

　　Mr.林：好啦，看到这里，我想你对数据分析报告的整个框架和结构已经了然于心了吧？

　　小白底气十足地点点头道：嗯，是啊，现在看到具体的报告，已经基本能够理解前面所讲的内容啦。

　　Mr.林：要记住，写数据分析报告的能力不是一蹴而就的，需要平时慢慢积累。这里看的报告范例只是例子，并不一定适合每个分析。实际工作时还是需要具体问题具体分析，根据自己所在公司的实际业务情况进行调整，灵活运用，切忌生搬硬套。只有深刻理解公司业务，才能较好地完成基于业务的数据分析，否则就是纸上谈兵。

　　另外，对数据的敏锐洞察力，以及对报告内容的组织能力也是需要不断提高的。

相信你在不久的将来就会成为一名优秀的数据分析师了。

8.5 本章小结

Mr.林：小白，关于数据分析报告的内容就先介绍到这里，还是老规矩，我们一起简要回顾一下数据分析报告中的知识要点。

小白：好的。

Mr.林：今天介绍的数据分析报告方面的知识主要有如下几点。

★ 数据分析报告的三大作用是展示分析结果、验证分析质量，以及为决策者提供参考依据。规范性、重要性、谨慎性以及创新性是数据分析报告的四项基本原则。

★ 专题分析报告、综合分析报告、日常数据通报是三种常用报告类型，要了解它们各自的特点。

★ 数据分析报告的标题、目录、前言、正文、结论与建议、附录六大组成部分的特点。

★ 撰写数据分析报告的五大注意事项：①合理的结构以及清晰的逻辑；②实事求是，反映真相；③用词准确，避免含糊；④篇幅适宜，简洁有效；⑤结合具体业务进行合理的分析。

小白补充道：我们还欣赏了一份完整的数据分析报告范例。

Mr.林：哈哈，小白，现在你已经掌握了数据分析报告的精华，相信你很快就可以出师了。现在只需将这些原则性的内容应用到工作中，并在实际操作中不断积累经验，你的数据分析能力将会与日俱增，要不了多久，你就可以拥有优秀数据分析师的头衔了。走，为了庆贺你即将出师，上次你请我喝早茶，一会儿我请你吃饭。

小白：真的呀！太好了，Mr.林，您好帅啊！

Mr.林：哈哈，走吧！